N° D'ORDRE
198.

THÈSES

PRÉSENTÉES

A LA FACULTÉ DES SCIENCES DE PARIS

POUR OBTENIR

LE GRADE DE DOCTEUR ÈS SCIENCES,

PAR LE CHEVALIER FRANÇOIS FAÀ DE BRUNO,
Capitaine honoraire d'État-Major dans l'armée Sarde.

THÈSE D'ANALYSE. — THÉORIE DE L'ÉLIMINATION.

THÈSE D'ASTRONOMIE. — DÉVELOPPEMENT DE LA FONCTION PERTURBATRICE ET DES COORDONNÉES D'UNE PLANÈTE DANS SON MOUVEMENT ELLIPTIQUE.

Soutenues le 1856 devant la Commission d'examen.

MM. CAUCHY, *Président.*
LAMÉ, DELAUNAY, *Examinateurs.*

PARIS,
MALLET-BACHELIER, IMPRIMEUR-LIBRAIRE
DE L'ÉCOLE IMPÉRIALE POLYTECHNIQUE, DU BUREAU DES LONGITUDES,
Quai des Augustins, 55.
1856.

N° D'ORDRE
198.

THÈSES

PRÉSENTÉES

A LA FACULTÉ DES SCIENCES DE PARIS

POUR OBTENIR

LE GRADE DE DOCTEUR ÈS SCIENCES,

PAR LE CHEVALIER FRANÇOIS FAÀ DE BRUNO,

Capitaine honoraire d'État-Major dans l'armée Sarde.

THÈSE D'ANALYSE. — THÉORIE DE L'ÉLIMINATION.

THÈSE D'ASTRONOMIE. — DÉVELOPPEMENT DE LA FONCTION PERTURBATRICE ET DES COORDONNÉES D'UNE PLANÈTE DANS SON MOUVEMENT ELLIPTIQUE.

Soutenues le 1856 devant la Commission d'examen.

MM. CAUCHY, *Président.*

LAMÉ, } *Examinateurs.*

DELAUNAY, }

PARIS,

MALLET-BACHELIER, IMPRIMEUR-LIBRAIRE

DE L'ÉCOLE IMPÉRIALE POLYTECHNIQUE, DU BUREAU DES LONGITUDES,

Quai des Augustins, 55.

1856.

ACADÉMIE DE PARIS.

FACULTÉ DES SCIENCES DE PARIS

DOYEN	MILNE EDWARDS, Professeur..	Zoologie, Anatomie, Physiologie.
PROFESSEURS HONORAIRES.	Le baron THENARD.	
	BIOT.	
	PONCELET.	
PROFESSEURS	N	Géologie.
	DUMAS	Chimie.
	DESPRETZ	Physique.
	N	Mécanique.
	DELAFOSSE	Minéralogie.
	BALARD	Chimie.
	LEFÉBURE DE FOURCY	Calcul différentiel et intégral.
	CHASLES	Géométrie supérieure.
	LE VERRIER	Astronomie physique.
	DUHAMEL	Algèbre supérieure.
	CAUCHY	Astronomie mathématique et Mécanique céleste.
	GEOFFROY-SAINT-HILAIRE.	Anatomie, Physiologie comparée, Zoologie.
	LAMÉ	Calcul des probabilités, Physique mathématique.
	DELAUNAY	Mécanique physique.
	PAYER	Botanique.
	C. BERNARD	Physiologie générale.
	P. DESAINS	Physique.
AGRÉGÉS	BERTRAND	Sciences mathématiques.
	J. VIEILLE	Sciences mathématiques.
	MASSON	Sciences physiques.
	PELIGOT	Sciences physiques.
	DUCHARTRE	Sciences naturelles.
SECRÉTAIRE	E. PREZ-REYNIER.	

THÈSE D'ANALYSE.

THÉORIE DE L'ÉLIMINATION.

INTRODUCTION.

La théorie de l'élimination considérée en général constitue, pour ainsi dire, l'analyse même. En effet, toute question d'analyse peut être mise sous la forme d'un problème à résoudre. On obtient alors des équations entre certaines quantités, dont les unes sont les données, et les autres les inconnues du problème. Le but de l'analyse ensuite est d'extraire de ces équations les valeurs des inconnues, ou, en d'autres mots, d'*éliminer* les quantités que l'on adopte comme *inconnues*. Selon la nature et le nombre des équations, ces valeurs pourront s'obtenir par des expressions finies ou non, par des formules d'approximation plus ou moins rapides, en nombre égal ou supérieur à celui des inconnues.

Mais, dans le sens communément reçu, le mot *élimination* se rapporte spécialement au cas auquel les équations sont de nature telle, qu'on puisse assigner par elles des expressions finies et purement algébriques pour les inconnues. Ce cas est précisément celui où les équations données sont algébriques. Sous ce simple aspect, la théorie de l'élimination présente encore plusieurs questions, et alors parmi elles nous choisissons celle-ci : *Etant donné un système d'équations en nombre supérieur d'une unité à celui des inconnues qui y figurent, trouver :* 1° *à quelle condition ces équations peuvent être simultanément satisfaites;* 2° *quelle est l'expression analytique de cette condition;* 3° *quelles en sont les propriétés.*

Quoique plusieurs géomètres aient touché à cette question par leurs recherches, on peut affirmer qu'elle n'avait été jusqu'ici ni complétement ni simplement vidée. Aussi nous avons tâché dans ce travail, d'une part de simplifier ou d'étendre ce qui avait été déjà fait, et de l'autre de faire avancer la solution de la question par de nouveaux théorèmes. On remarquera surtout l'usage important que nous faisons des fonctions que nous appelons *isobariques,* soit pour établir un théorème fondamental sur les fonctions symétriques des racines, soit pour donner une méthode abrégée et jusqu'à présent unique pour calculer une résultante quelconque, soit pour développer des fonctions de fonctions à plusieurs variables, etc. Puissions-nous avoir contribué tant soit peu au progrès ou au développement de cette théorie! Ce serait le comble de nos désirs et le vœu unique de nos efforts.

PREMIÈRE PARTIE.

THÉORIE DE L'ÉLIMINATION DANS LE CAS D'UNE VARIABLE.

§ Ier.

Sur les fonctions symétriques des racines.

1. Soit l'équation

$$(1) \qquad a_0 x^m + a_1 x^{m-1} + a_2 x^{m-2} + \ldots + a_m = 0,$$

et désignons par $\alpha_1, \alpha_2, \ldots, \alpha_m$ ses racines.

Une fonction donnée des racines est appelée *symétrique,* lorsqu'elle reste la même, quelque échange que l'on opère entre les racines. On conçoit facilement que si cette fonction est entière, elle pourra toujours être décomposée en une somme d'autres fonctions symétriques plus simples, qui seront toutes de la forme

$$(2) \qquad \varphi = \sum \alpha_1^p \alpha_2^q \alpha_3^r \alpha_4^t \cdots$$

Or on démontre aisément que φ est une fonction entière des sommes des puissances semblables des racines, qui à leur tour peuvent s'exprimer en fonction entière des coefficients. Ainsi, *toute fonction symétrique et entière des racines d'une équation donnée peut s'exprimer en fonction entière de ses coefficients.*

On a, en effet, sous la forme d'un déterminant symbolique cette nouvelle formule :

$$(3) \qquad \varphi = \begin{vmatrix} s_p & s_{(p)} & s_{(p)} & s_{(p)} \cdots \\ s_{(q)} & s_q & s_{(q)} & s_{(q)} \cdots \\ s_{(r)} & s_{(r)} & s_r & s_{(r)} \cdots \\ s_{(t)} & s_{(t)} & s_{(t)} & s_t \cdots \\ \cdots & \cdots & \cdots & \cdots \end{vmatrix},$$

en désignant par s_p la somme des puissances $p^{ièmes}$ des racines, et en admettant qu'après avoir effectué les opérations on change les produits symboliques de la forme $s_{(p)}$, $s_{(q)}$, $s_{(r)}$, etc., qui contiennent des indices entre parenthèses, en des facteurs simples $s_{p+q+r+\dots}$, dont l'indice soit égal à la somme des indices qui figuraient dans les produits précédents. On aura, par exemple,

$$\sum \alpha_1^p \alpha_2^q = s_p s_q - s_{p+q},$$

$$\sum \alpha_1^p \alpha_2^q \alpha_3^r = s_p s_q s_r - s_{p+q} s_r - s_{p+r} s_q - s_{q+r} s_p + 2 s_{p+q+r}.$$

Ajoutons pourtant que si l exposants devenaient égaux entre eux, il faudrait diviser le résultat par le nombre de combinaisons que l'on peut faire avec l quantités, c'est-à-dire par le produit $1.2.3\dots l$.

Quant aux sommes s_p, on les aura immédiatement en fonction des coefficients à l'aide des deux formules suivantes, dont la seconde est due à Waring :

$$(4) \qquad s_p = \left(\frac{1}{a_0}\right)^p \begin{vmatrix} a_1 & a_0 & 0 & 0\dots & 0 \\ 2a_2 & a_1 & a_0 & 0\dots & 0 \\ 3a_3 & a_2 & a_1 & a_0\dots & 0 \\ 4a_4 & a_3 & a_2 & a_1\dots & 0 \\ \dots & \dots & \dots & \dots & \dots \\ (p-1)a_{p-1} & a_{p-2} & a_{p-3} & a_{p-4}\dots & a_0 \\ pa_p & a_{p-1} & a_{p-2} & a_{p-3}\dots & a_1 \end{vmatrix}$$

$$(5) \qquad s_p = p\left(-\frac{1}{a_0}\right)^p \sum \frac{(-1)^{\lambda_0}(p-\lambda_0-1)}{(\lambda_1)(\lambda_2)(\lambda_3)\dots(\lambda_p)} a_0^{\lambda_0} a_1^{\lambda_1} a_2^{\lambda_2}\dots a_m^{\lambda_m},$$

où (λ_i) et $(p-\lambda_0-1)$ expriment, pour abréger, les produits $1.2.3\dots\lambda$ et $1.2.3\dots(p-\lambda_0-1)$; $\lambda_1, \lambda_2, \dots, \lambda_m$ étant d'ailleurs des nombres assujettis à vérifier les deux équations de condition

$$(6) \qquad \lambda_0 + \lambda_1 + \lambda_2 + \dots + \lambda_m = p,$$

$$(7) \qquad \lambda_1 + 2\lambda_2 + 3\lambda_3 + \dots + m\lambda_m = p.$$

2. La formule (3) cependant, quoiqu'elle conduise au but désiré, ne cesse pas de donner encore lieu à des calculs assez longs. Il en est ainsi de toute expression qui s'appuie sur les sommes des puissances semblables des racines. Cela dépend de ce que l'on a à tenir compte, dans cette sorte d'expressions, d'une multitude de termes qui, finissant nécessairement par se détruire dans le résultat final, ne servent qu'à prolonger inutilement les calculs. Supposons, pour fixer les idées, qu'on ait à calculer la fonction $\sum \alpha^2 \beta^2 \gamma$, et posons pour un moment $a_0 = 1$. On aura, d'après ce qui précède,

$$2 \sum \alpha^2 \beta^2 \gamma = s_1 s_2^2 - s_1 s_4 - 2 s_2 s_3 + 2 s_5,$$

$$s_1 = - a_1, \quad s_2 = a_1^2 - 2 a_1 a, \quad s_3 = - a_1^3 + 3 a_1 a_2 - 3 a_3,$$

$$s_4 = a_1^4 - 4 a_1^2 a_2 + 4 a_1 a_3 + 2 a_2^2 - 4 a_4,$$

$$s_5 = - a_1^5 + 5 a_1^3 a_2 - 5 a_1 a_2^2 - 5 a_1^2 a_3 + 5 a_1 a_4 + 5 a_2 a_3 - 5 a_5,$$

et l'on trouvera

$$\sum \alpha^2 \beta^2 \gamma = - a_2 a_3 + 3 a_1 a_4 - 5 a_5$$

Ainsi les quatre premiers termes de s_5, les deux premiers de s_4 et le premier de s_3 étaient étrangers au résultat, et n'ont eu d'autre effet que de rendre le calcul plus pénible. Mais on peut maintenant éviter l'introduction de ces termes et écrire même d'avance la forme littérale de la fonction des coefficients, qui représente une fonction donnée des racines, à l'aide d'un théorème important, cependant encore généralement ignoré, dû à M. Cayley et à M. Brioschi, et dont j'ai donné, dans les *Annales de Tortolini* (septembre 1855), une démonstration extrêmement plus simple que celle donnée par leurs auteurs, qui l'ont tirée de considérations tout à fait transcendantes. Voici le théorème.

La fonction des coefficients qui exprime la fonction des racines

$$(8) \qquad \varphi = \sum \alpha_1^p \alpha_2^q \alpha_3^r \cdots = \sum C a_1^{\lambda_1} a_2^{\lambda_2} a_3^{\lambda_3} \ (*)$$

est de degré égal au plus grand des exposants $p, q, r, \ldots$, *et les indices avec les exposants qui figurent dans chaque terme satisfont à l'équation*

$$(9) \quad \lambda_1 + 2\lambda_2 + 3\lambda_3 + \ldots = p + q + r + \ldots = \textit{somme des exposants}.$$

Pour le démontrer, nous partirons de cette remarque aussi simple qu'importante, à savoir, que les coefficients de l'équation donnée (1) sont des fonctions linéaires par rapport à une quelconque des racines. En effet, quel

(*) Nous supposons ici pour plus de simplicité $a_0 = 1$. Nous ferons observer qu'un théorème semblable et la formule (3) ont lieu pour les fonctions symétriques des solutions communes à des équations à plusieurs variables.

que soit i, le coefficient a_i sera, en général, de la forme

$$a_i = M_j^{(i)} \alpha_j + N_j^{(i)}, \tag{10}$$

$M_j^{(i)}$, $N_j^{(i)}$ désignant des fonctions des autres racines, hormis la racine α_j, choisie arbitrairement parmi les racines $\alpha_1 \alpha_2 \alpha_3 \ldots$ Par conséquent, si dans la fonction

$$\varphi = \sum C a_1^{\lambda_1} a_2^{\lambda_2} a_3^{\lambda_3} \ldots a_m^{\lambda_m}$$

on remplace les coefficients $a_1 a_2 \ldots a_m$ par leurs valeurs (10), on aura

$$\varphi = \sum \alpha_1^p \alpha_2^q \alpha_3^r \cdots = \sum C \left(M_j^{(1)} \alpha_j + N_j^{(1)}\right)^{\lambda_1} \left(M_j^{(2)} \alpha_j + N_j^{(2)}\right)^{\lambda_2} \cdots \left(M_j^{(m)} \alpha_j + N_j^{(m)}\right)^{\lambda_m},$$

et le plus grand exposant dont sera affectée la racine quelconque α_j, sera la plus grande valeur de la somme des exposants

$$\lambda_1 + \lambda_2 + \lambda_3 + \ldots + \lambda_m,$$

qui devra être égale à la valeur maximum des exposants p, q, r,..., que nous appellerons pour plus de clarté ϖ. D'un autre côté, la somme $\lambda_1 + \lambda_2 + \lambda_3 + \ldots + \lambda_m$ représente précisément le degré de la fonction φ, considérée par rapport aux coefficients : donc le plus haut degré de ces termes, ou, en un mot, le degré de la fonction, sera bien égal au plus haut exposant de la fonction donnée des racines.

L'autre partie du théorème se démontre avec la même facilité. Supposons que les racines α, β, γ,... deviennent respectivement $k\alpha$, $k\beta$, $k\gamma$,..., la fonction φ deviendra $k^{p+q+r+\cdots} . \varphi$; mais en même temps les coefficients de l'équation proposée se seront changés en

$$ka_1, \quad k^2 a_2, \quad k^2 a_3, \ldots,$$

et ils auront gagné autant de facteurs k qu'il y a d'unités dans leurs indices. Par conséquent, chaque terme de la fonction φ des coefficients aura gagné le facteur

$$k^{\lambda_1 + 2\lambda_2 + 3\lambda_3 + \ldots + m\lambda_m}.$$

Il faudra bien donc, pour que l'égalité (8) continue à subsister, que l'exposant de k dans le second membre soit constant et égal précisément à la somme des exposants des racines dans le premier.

Remarque. — La fonction $\lambda_1 + 2\lambda_2 + 3\lambda_3 + \ldots + m\lambda_m$, c'est-à-dire la somme des produits des exposants par les indices des coefficients appartenant à un même terme d'une fonction donnée, joue un grand rôle dans l'analyse que nous allons exposer, et en général dans tous les développements réels ou symboliques des fonctions. Il sera donc convenable, pour mieux préciser et faciliter par suite le raisonnement, de lui assigner un nom spécial. Nous l'appellerons le *poids* de la fonction, et quand ce *poids* sera *constant*, nous dirons que la *fonction* est *isobarique*. Ainsi, dans le cas actuel, on dira simplement que *la fonction* φ *des coefficients est isobarique et de poids* $p+q+r+\ldots$ (*).

Application. — Prenons, par exemple, la fonction $\sum \alpha^3 \beta$. Ici le plus grand exposant est $\varpi = 3$, et la somme des exposants $p+q+r+\ldots = 4$. Donc la fonction des coefficients, qui la représente, sera de degré 3, isobarique et de poids 4. Donc elle sera de la forme

$$\mathrm{A}a_1^2 a_2 + \mathrm{B}a_1 a_3 + \mathrm{C}a_2^2 + \mathrm{D}a_4.$$

Les coefficients numériques A, B, C, D pourront se déterminer de plusieurs manières. On peut se servir des sommes des puissances semblables, si elles sont connues, en y négligeant tous les termes qui seraient d'un degré supérieur à 3, comme on aurait pu le faire dans le cas de la fonction $\sum \alpha^2 \beta^2 \gamma$ traité ci-dessus, si l'on avait connu le théorème en question. On peut encore employer des équations dont les racines soient connues. Ainsi, les équations

$$x^2 - 1 = 0, \quad x^2 + 2x + 1 = 0, \quad x^3 - 3x^2 + 3x + 1 = 0, \quad x^4 - 2x^2 + 1 = 0$$

nous auraient fourni les équations de condition

$$\mathrm{C} = -2, \quad 4\mathrm{A} + \mathrm{C} = 2, \quad 27\mathrm{A} + 3\mathrm{B} + 9\mathrm{C} = 0, \quad \mathrm{D} + 4\mathrm{C} = -4;$$

d'où

$$\mathrm{A} = 1, \quad \mathrm{B} = -1, \quad \mathrm{C} = -2, \quad \mathrm{D} = 4.$$

Voici un tableau de diverses fonctions de racines, calculées par ces mé-

(*) Nous appellerons aussi *équipollence* l'état d'une fonction remplissant ces conditions.

thodes, qui pourra être utile quelquefois :

$$\sum \alpha^2 \beta = -a_1 a_2 + 3 a_3,$$

$$\sum \alpha^2 \beta\gamma = a_1 a_3 - 4 a_4,$$

$$\sum \alpha^2 \beta^2 = a_2^2 - 2 a_1 a_3 + 2 a_4,$$

$$\sum \alpha^3 \beta = a_1^2 a_2 - a_1 a_3 - 2 a_2^2 + 4 a_4,$$

$$\sum \alpha^2 \beta^2 \gamma^2 = a_3^2 - 2 a_2 a_4 + 2 a_1 a_5 - 2 a_6,$$

$$\sum \alpha^3 \beta^2 = -a_1 a_2^2 + 2 a_1^2 a_3 + a_2 a_3 - 5 a_1 a_4 + 5 a_5,$$

$$\sum \alpha^3 \beta^3 = a_2^3 - 3 a_1 a_2 a_3 + 3 a_1^2 a_4 - 3 a_1 a_5 + 3 a_3^2 - 3 a_2 a_4 + 3 a_6,$$

$$\sum \alpha^4 \beta^3 \gamma^2 = a_1^2 a_3 a_4 + 2 a_1 a_4^2 - a_1 a_2 a_3^2 + 2 a_1 a_2^2 a_4 - 8 a_2 a_3 a_4 + 3 a_3^3 + \ldots.$$

Si l'on introduisait de nouveau le coefficient a_0, alors φ deviendrait

$$\varphi = \left(\frac{1}{a_0}\right)^{\varpi} \sum C a_0^{\lambda_0} a_1^{\lambda_1} a_2^{\lambda_2} a_3^{\lambda_3} \ldots a_m^{\lambda m},$$

et on pourrait énoncer le théorème précédent sous cette forme :

La fonction φ, par rapport aux coefficients, est, à une puissance près de a_0, homogène et de degré ϖ, isobarique et de poids $p+q+r\ldots.$

3. Supposons maintenant qu'on ait à exprimer en fonction des coefficients une fonction entière des racines de la forme

$$\Psi = \sum \psi(\alpha_1)\,\psi(\alpha_2)\ldots\psi(\alpha_i),$$

où

$$\psi(\alpha) = b_0 \alpha^n + b_1 \alpha^{n-1} + b_2 \alpha^{n-2} \ldots + b_n$$

Il est évident que la fonction Ψ sera, en vertu du théorème précédent, de degré n au plus et de tous les poids, depuis zéro jusqu'au nombre in, par rapport aux coefficients de l'équation (1). De plus, on voit qu'à chaque produit de la forme $\alpha_1^p \alpha_2^q \alpha_3^r \ldots$, correspond le produit $b_{n-p} b_{n-q} b_{n-r} \ldots$ des coefficients de la fonction ψ, qui sera toujours de degré i et de poids $in - (p+q+r+\ldots)$. Ainsi chaque somme partielle, qui figure dans la fonction Ψ, sera de poids in et de la forme

$$b_{n-p} b_{n-q} b_{n-r} \ldots \sum \alpha_1^p \alpha_2^q \alpha_3^r \ldots,$$

ou encore

$$\left(\frac{1}{a_0}\right)^{\varpi} b_{n-p}\, b_{n-q}\, b_{n-r} \ldots \sum C a_0^{\lambda_0}\, a_1^{\lambda_1}\, a_2^{\lambda_2} \ldots a_m^{\lambda m},$$

sous les conditions

$$\lambda_1 + 2\lambda_2 + 3\lambda_3 + \ldots = p + q + r \ldots,$$
$$\lambda_0 + \lambda_1 + \lambda_2 + \ldots + \lambda_m = \varpi.$$

Maintenant ϖ peut varier depuis o jusqu'à n, et pour une même valeur de ϖ, le poids de chaque somme partielle peut varier depuis ϖ jusqu'à $i\varpi$. Appelons donc

$$A_{(k)}^{(h)}, \qquad B_{(k)}^{(h)}$$

des fonctions des coefficients $(a_0, a_1, a_2, \ldots)$ ou des coefficients $(b_0, b_1, b_2, \ldots)$ de degré h et de poids k; on aura

$$\begin{aligned}\Psi = B_{(in)}^{(i)} &+ \left[B_{(in-1)}^{(i)} A_{(1)}^{(1)} + B_{(in-2)}^{(i)} A_{(2)}^{(1)} + B_{(in-3)}^{(i)} A_{(3)}^{(1)} + \ldots + B_{(in-i)}^{(i)} A_{(i)}^{(1)}\right]\\ &+ \left[B_{(in-2)}^{(i)} A_{(2)}^{(2)} + B_{(in-3)}^{(i)} A_{(3)}^{(2)} + \ldots\ldots\ldots + B_{in-2i}^{(i)} A_{2i}^{(2)}\right]\\ &+ \left[B_{(in-3)}^{(i)} A_{(3)}^{(3)} + B_{(in-4)}^{(i)} A_{(4)}^{(3)} + \ldots\ldots\ldots + B_{in-3i}^{(i)} A_{3i}^{(3)}\right]\\ &+ \ldots\ldots\ldots\ldots\ldots\ldots\ldots\ldots\ldots\ldots\\ &+ \left[B_{(in-n)}^{(i)} A_{(n)}^{(n)} + B_{(in-n-1)}^{(i)} A_{(n+1)}^{(n)} + \ldots\ldots\ldots + B_0^{(i)} A_{in}^{(n)}\right].\end{aligned}$$

Observons cependant ici que les symboles en B, quoique désignés par les mêmes notations, ne représentent pas les mêmes produits. Ainsi dans la première ligne on a

$$B_{(in-2)}^{(i)} = b_{n-1}\, b_{n-1}\, b_n \ldots;$$

et dans la seconde,

$$B_{in-2}^{(i)} = b_{n-2}\, b_n\, b_n \ldots,$$

Nous n'avons voulu donner, par le second membre de l'équation précédente, que la forme de la fonction, sans compliquer inutilement les notations. Elle nous suffit pour établir le théorème suivant, auquel nous voulions arriver :

Étant donnée une fonction symétrique des racines de l'équation

$$a_0 x^m + a_1 x^{m-1} + a_2 x^{m-2} + \ldots + a_m = 0,$$

telle que

$$\Psi = \sum \psi(\alpha_1)\,\psi(\alpha_2)\,\psi(\alpha_3)\ldots\psi(\alpha_i),$$

où

$$\psi(x) = b_0 x^n + b_1 x^{n-1} + b_2 x^{n-2} + \ldots + b_n,$$

la fonction des coefficients $(a_0\, a_1\, a_2 \ldots a_n,\ b_0\, b_1\, b_2 \ldots b_n)$, *qui la représente, est homogène et de degré* n, *par rapport aux coefficients* (a), *homogène et de degré* i *par rapport aux coefficients* (b), *isobarique et de poids* in *par rapport à l'ensemble des coefficients* (a) *et* (b).

§ II.

Élimination de la variable entre deux équations à une variable.

1. Soient les équations

$$(1) \qquad \varphi = a_0 x^m + a_1 x^{m-1} + a_2 x^{m-2} + \ldots + a_m = 0,$$

$$(2) \qquad \psi = b_0 x^n + b_1 x^{n-1} + b_2 x^{n-2} + \ldots + b_n = 0.$$

Si ces équations doivent coexister par hypothèse simultanément, il faudra qu'elles aient au moins une racine commune. Mais, à cet effet, les coefficients des deux équations devront évidemment satisfaire à une certaine condition, sans quoi les coefficients pouvant être quelconques, la solution commune pourrait être toujours rendue impossible. Or, si, par un moyen quelconque, on déduit de ces équations une troisième, d'où la variable est disparue, ce sera là la condition à laquelle satisferont les coefficients. Déduire une telle équation de condition s'appelle *éliminer* la variable, et le résultat de cette élimination se nomme *résultante*. La résultante exprime donc et pourrait se définir : *la condition qui doit exister entre les coefficients de deux équations données à une variable, pour qu'une valeur de celle-ci les vérifie simultanément*. Mais remarquons ici qu'il ne s'agit que d'une solution unique; car s'il y en avait davantage, des nouvelles conditions définies par le théorème de Lagrange surgiraient entre les coefficients. Par conséquent, dans tout ce qui suit, afin d'obtenir toute la précision et la simplicité désirables, nous supposerons que les équations susdites n'admettent qu'une solution unique.

2. On peut facilement concevoir divers procédés, plus ou moins compliqués, pour trouver cette résultante, et de quelque manière qu'on y arrive, elle devra s'annuler, dès qu'on suppose aux deux équations une solution commune. Mais la réciproque ne serait pas généralement vraie, car cette résultante pourrait contenir un facteur étranger, introduit par la nature même du procédé qu'on aurait suivi. Elle pourrait donc s'évanouir, sans cependant que les équations proposées pussent être satisfaites par une même valeur de la variable. Il importe donc, avant tout, de connaître quelle est la fonction des coefficients qui sera la vraie condition, c'est-à-dire qui devra nécessairement s'annuler s'il existe une solution commune, et qui, réciproquement, devra révéler l'existence ou la non-existence d'une solution commune, selon qu'elle s'annulera ou qu'elle ne s'annulera pas.

A cet effet, désignons par $\alpha_1 \alpha_2 \ldots \alpha_m$ et par $\beta_1 \beta_2 \ldots \beta_n$ respectivement les racines des équations $\varphi = 0$ et $\psi = 0$. On aura

$$(3) \qquad \varphi = a_0(x-\alpha_1)(x-\alpha_2)\ldots(x-\alpha_m) = 0,$$

$$(4) \qquad \psi = b_0(x-\beta_1)(x-\beta_2)\ldots(x-\beta_m) = 0.$$

Il est clair maintenant que si φ et ψ admettent une racine commune, une quelconque des racines (α) et une seule, telle que α_i, pourra et devra être égale à une quelconque et une seule des racines (β), telle que β_j. Ainsi donc il faut qu'une et une seule des différences quelconques des racines $\alpha_i - \beta_j$ s'annule. Par conséquent, si l'on forme le produit de toutes ces différences, le produit devra s'annuler, puisqu'un de ses facteurs devra nécessairement s'évanouir. Réciproquement, si ce produit s'annule, un des facteurs au moins devra se réduire à zéro et, par conséquent, il y aura au moins une solution commune aux deux équations ; et si aucun de ses facteurs ne s'annule, le produit ne s'annulera pas non plus, ce qui nous suffit. Le produit donc

$$(5) \qquad \left\{\begin{array}{l} \mathrm{R} = a_0^n b_0^m (\alpha_1-\beta_1)(\alpha_2-\beta_1)\ldots\ldots(\alpha_m-\beta_1), \\ \qquad\qquad (\alpha_1-\beta_2)(\alpha_2-\beta_2)\ldots\ldots(\alpha_m-\beta_2), \\ \qquad\qquad (\alpha_1-\beta_3)(\alpha_2-\beta_3)\ldots\ldots(\alpha_m-\beta_3), \\ \qquad\qquad \ldots\ldots\ldots\ldots\ldots\ldots\ldots\ldots \\ \qquad\qquad (\alpha_1-\beta_n)(\alpha_2-\beta_n)\ldots\ldots(\alpha_m-\beta_n), \end{array}\right.$$

qui d'ailleurs est une fonction des coefficients (a, b), puisqu'il est une fonction symétrique des racines de chaque équation, sera bien la fonction cherchée et définie ci-dessus. Mais à présent, toute fonction des coefficients, qu'on aura trouvée pour le résultat de l'élimination opérée par un procédé quelconque, coïncidera-t-elle avec R, ou n'en différera-t-elle que par un facteur, fonction aussi, lui, des coefficients? C'est ce que nous allons examiner.

3. Il est d'abord évident qu'une résultante quelconque R′ sera bien de la forme QR, Q étant une fonction des coefficients, qui pourra se réduire à l'unité. En effet, comme nous avons déjà remarqué, dès que nous supposons une solution commune aux deux équations, R′ et R doivent s'évanouir en même temps. Or si R′ était distinct de R de manière à ne pas le contenir en facteur, on pourrait concevoir qu'on extraie de l'équation $R' = 0$ la valeur d'un coefficient en fonction des autres et qu'on la porte dans R; et comme par hypothèse R′ et R ne fourniraient pas pour ce coefficient la même expression, la fonction R après la substitution ne serait plus identiquement nulle, et, par conséquent, les deux équations proposées n'admettraient pas une solution commune, ce qui serait contraire à notre hypothèse.

Ce raisonnement ne souffre d'exception que lorsqu'on supposerait R décomposable en deux ou plusieurs facteurs, car alors R′ et R pourraient s'annuler simultanément, sans que R′ contienne R en facteur. Mais M. Cauchy a démontré (*Exercices d'Analyse*, t. Ier, 1840) qu'en supposant aux coefficients toute leur généralité, R ne peut être décomposable en facteurs, fonctions de ces mêmes coefficients. Ainsi donc dans cette même hypothèse, R′ sera nécessairement de la forme QR. La vraie condition donc qui annonce la coexistence ou la non-coexistence des équations proposées, est l'équation $R = 0$. Nous sommes conduits par là à en considérer de plus près ses propriétés, comme nous ferons ci-après.

4. Nous avons dit que R, étant une fonction symétrique des racines, est une fonction entière des coefficients (a, b). Voici la manière de le démontrer et d'en trouver même la forme. On voit d'abord, selon qu'on considère la fonction R partagée en lignes horizontales ou verticales, qu'elle est indifféremment susceptible des deux expressions suivantes :

$$R = a_0^n \psi(\alpha_1)\psi(\alpha_2)\ldots\ldots\psi(\alpha_m),$$
$$R = (-1)^{mn} b_0^m \varphi(\beta_1)\varphi(\beta_2)\ldots\ldots\varphi(\beta_n).$$

Ces deux expressions rentrent dans le cas général contemplé par le théorème du n° **3**, § I, en y posant $i = m$ ou $i = n$; et en choisissant convenablement les fonctions. Par suite donc de ce même théorème on obtiendra celui-ci :

La fonction R *définie par l'équation* (5) *est une fonction homogène et de degré* n *par rapport aux coefficients* (a), *homogène et de degré* m *par rapport aux coefficients* (b), *isobarique et de poids* mn *par rapport en même temps aux coefficients* (a) *et* (b).

De plus, en supposant $n = m$, on aura encore le nouveau théorème suivant :

Les termes de la fonction R, *qui se déduisent les uns des autres par l'échange des coefficients d'une équation avec ceux correspondants de l'autre* (*), *ou par l'échange des coefficients équidistants des extrêmes appartenant à une même équation, auront les mêmes coefficients numériques, précédés du même signe ou de signe contraire, suivant que* m *sera pair ou impair.*

Cette propriété est aussi facile à démontrer. Il s'ensuit que quand m sera pair, un même coefficient pourra multiplier quatre termes, tous de même signe, et deux positifs et deux négatifs, lorsque m sera impair. Cela ressortira mieux dans les exemples que nous donnerons plus tard.

5. Par le théorème précédent nous possédons maintenant un *criterium* pour juger si R′ se réduit à R, ou s'il le contient en facteur. Car, puisque R doit être de degré $m + n$ par rapport à l'ensemble des coefficients des deux équations, toutes les fois que R′ ne sera pas de ce degré, il sera nécessairement de la forme QR, et le facteur Q se trouvera aisément en comparant les degrés et les poids de R′ et de R. La question posée au n° **2** est donc résolue, et nous pouvons énoncer ce théorème :

Toute fonction des coefficients de degré m + n, *résultante de l'élimination opérée sur les équations* φ *et* ψ *par un procédé quelconque, ne pourra différer de* R *que par un facteur numérique, et, par conséquent, elle pourra être prise pour cette même fonction* R.

Mieux éclairés à présent sur la nature de la résultante, nous pouvons en toute sûreté passer en revue les différentes méthodes qui ont été proposées pour la trouver, ce qui nous fournira l'occasion de parler de celle que nous avons trouvée en particulier.

(*) Nous entendons par *coefficients correspondants*, ceux qui dans les deux équations affectent la même puissance de x.

§ III.

Exposition de différentes méthodes d'élimination.

1. La première méthode qui naturellement se présente pour calculer R, dont l'expression peut se mettre sous les deux formes,

$$\begin{aligned} R = & (b_0 \alpha_1^n + b_1 \alpha_1^{n-1} + b_2 \alpha_1^{n-2} \ldots\ldots + b_n), \\ & (b_0 \alpha_2^n + b_1 \alpha_2^{n-1} + b_2 \alpha_2^{n-2} \ldots\ldots + b_n), \\ & \ldots\ldots\ldots\ldots\ldots\ldots\ldots \\ & (b_0 \alpha_m^n + b_1 \alpha_m^{n-1} + b_2 \alpha_m^{n-2} \ldots\ldots + b_n), \end{aligned}$$

ou

$$\begin{aligned} R = & (a_0 \beta_1^m + a_1 \beta_1^{m-1} + a_2 \beta_1^{m-2} + \ldots\ldots + a_m), \\ & (a_0 \beta_2^m + a_1 \beta_2^{m-1} + a_2 \beta_2^{m-2} + \ldots\ldots + a_m), \\ & \ldots\ldots\ldots\ldots\ldots\ldots\ldots \\ & (a_0 \beta_n^m + a_1 \beta_n^{m-1} + a_2 \beta_n^{m-2} + \ldots\ldots + a_m), \end{aligned}$$

consiste à faire précisément l'un de ces deux produits, et à calculer ensuite en fonction des coefficients de φ ou de ψ, les diverses fonctions symétriques des racines dont les formes générales seront

$$\sum \alpha_1^p \alpha_2^q \alpha_3^r \ldots, \quad \text{ou} \quad \sum \beta_1^p \beta_2^q \beta_3^r \ldots,$$

et que nous avons appris à calculer dans le § Ier.

Mais cette méthode est extrêmement laborieuse, et il faut voir dans l'*Analyse des lignes courbes* par Cramer, quels pénibles efforts elle a coûté à ce géomètre, pour arriver à déterminer de cette manière la fonction R pour les cas même les plus simples. S'il avait connu les formules (2) et (3), ainsi que le théorème du § Ier, ses calculs auraient été déjà de beaucoup simplifiés. Malgré cependant les avantages qu'on pourrait tirer maintenant de tout ce que nous avons dit dans ce paragraphe, des simplifications plus importantes et propres à la nature de la fonction R, ont été proposées par les géomètres, de manière à constituer pour ainsi dire des nouvelles méthodes.

2. *Méthode logarithmique de Lagrange.* — Soient s_{-1}, s_{-2}, s_{-3},... les sommes des puissances 1, 2, 3,... des racines réciproques de l'équation

$\varphi = 0$; et $\sigma_1, \sigma_2, \sigma_3, \ldots$ celles des puissances 1, 2, 3,... des racines de l'équation $\psi = 0$, et posons

$$r = \sigma_1 s_{-1} + \frac{1}{2}\sigma_2 s_{-2} + \frac{1}{3}\sigma_3 s_{-3} + \frac{1}{4}\sigma_4 s_{-4} + \ldots$$

On aura

$$\frac{1}{a_m^n b_0^m} \mathrm{R} = e^{-r} = 1 - r + \frac{r^2}{1.2} - \frac{r^3}{1.2.3} + \ldots,$$

pourvu que dans les opérations indiquées on néglige les termes dont les dimensions dépasseraient les nombres m ou n, par rapport aux coefficients des équations ψ ou φ.

Il est évident qu'en changeant φ en ψ, et *vice versâ*, on aura une autre expression de r, qui conduira aussi au même résultat.

Cherchons, par exemple, la résultante des deux équations

$$ax^2 + bx + c = 0,$$
$$a'x^2 + b'x + c' = 0.$$

On aura

$$s_{-1} = -\frac{b}{c}, \qquad \sigma_1 = -\frac{b'}{a'},$$
$$s_{-2} = \frac{b^2}{c^2} - \frac{2a}{c}, \qquad \sigma_2 = \left(\frac{b'}{a'}\right)^2 - \frac{2c'}{a'},$$

et, par la formule ci-dessus,

$$\frac{1}{c^2 a'^2} \mathrm{R} = 1 - \sigma_1 s_{-1} + \frac{1}{2}(-\sigma_2 s_{-2} + \sigma_1^2 s_{-1}^2 - \sigma_1 s_{-1} \sigma_2 s_{-2})$$
$$- \frac{1}{3}\sigma_3 s_{-3} - \frac{1}{4}\sigma_4 s_{-4} + \frac{1}{8}\sigma_2^2 s_{-2}^2,$$

dont les quatre derniers termes fourniront à chacun un terme utile seulement. On arrivera ainsi, toute réduction faite, à l'expression connue

$$\mathrm{R} = (ac' - a'c)^2 - (ab' - a'b)(bc' - b'c).$$

3. *Méthode de M. Cauchy.* — Soient $s_1, s_2, s_3, \ldots$ et $\sigma_1, \sigma_2, \sigma_3, \ldots$ les sommes des puissances semblables des racines des équations $\varphi = 0$ et $\psi = 0$. Posons

$$\mathrm{S}_i = s_i s_0 - \frac{i}{1} s_{i-1} \sigma_1 + \frac{i(i-1)}{1.2} s_{i-2} \sigma_2 - \ldots \pm s_0 \sigma_i,$$

ou, sous forme symbolique,

$$S_i = (s - \sigma)^i.$$

On aura, sous la forme de déterminant,

$$1.2.3\ldots(mn-1)\,mn\,R = \begin{vmatrix} S_1 & 1 & 0 & 0\ldots & 0 & 0 \\ S_2 & S_1 & 2 & 0\ldots & 0 & 0 \\ S_3 & S_2 & S_1 & 3\ldots & 0 & 0 \\ S_4 & S_3 & S_2 & S_1\ldots & 0 & 0 \\ \ldots & \ldots & \ldots & \ldots & \ldots & \ldots \\ S_{mn-1} & S_{mn-2} & S_{mn-3} & S_{mn-4}\ldots & S_1 & mn-1 \\ S_{mn} & S_{mn-1} & S_{mn-2} & S_{mn-3}\ldots & S_2 & S_1 \end{vmatrix}$$

Mais encore ici, si le théorème du § Ier ne fournissait pas maintenant le moyen de dégager de ces formules tous les termes inutiles, les calculs seraient encore bien laborieux.

Il importe donc de voir comment on peut se passer des fonctions symétriques. Ce sera l'objet des paragraphes suivants.

§ IV.

Méthodes d'élimination, par lesquelles la recherche de la résultante est réduite à trouver celle de l'élimination de plusieurs variables liées entre elles par autant d'équations linéaires.

La méthode que nous allons d'abord exposer fut donnée par Euler et Bezout en même temps. Soient, comme avant,

(1) $$\varphi = a_0 x^m + a_1 x^{m-1} + a_2 x^{m-2} + \ldots + a_m = 0,$$

(2) $$\psi = b_0 x^n + b_1 x^{n-1} + b_2 x^{n-2} + \ldots + b_n = 0,$$

les deux équations entre lesquelles on doit éliminer la variable x. Multiplions la première par un polynôme en x de la forme

(3) $$\Phi = A_0 x^{n-1} + A_1 x^{n-2} + \ldots + A_{n-1},$$

et la seconde par un autre en x de la forme

(4) $$\Psi = B_0 x^{m-1} + B_1 x^{m-2} + B_2 x^{m-3} + \ldots + B_{m-1},$$

et composons la fonction $\Phi\varphi + \Psi\psi$, dont le degré sera $m + n - 1$. Cette fonction, pour une racine x commune à φ et à ψ, s'évanouira en même temps que les deux fonctions proposées. Or, puisque parmi les coefficients $(A_0, A_1, A_2, \ldots, A_{n-1}; B_0, B_1, B_2, \ldots, B_{m-1})$, il y en a $m + n - 1$ d'arbitraires, on peut s'en servir pour annuler tous les coefficients des $m+n-1$ puissances de x dans cette nouvelle fonction. Mais la fonction des coefficients, qui restera avec le dernier terme en x^0, conservera encore la propriété de s'évanouir avec φ et ψ; si donc elle est de degré $m+n$, ce sera bien notre résultante dépourvue de tout facteur étranger.

Or, en général, le coefficient de $x^{m+n-1-i}$, dans la fonction

$$\begin{aligned}\Phi\varphi + \Psi\psi = (&A_0 x^{n-1} + A_1 x^{n-2} + \ldots + A_i x^{n-i-1} + \ldots + A_{n-1})\\ &\times (a_0 x^m + a_1 x^{m-1} + \ldots + a_i x^{m-i} + \ldots + a_m)\\ &+ (B_0 x^{m-1} + B_1 x^{m-2} + \ldots + B_i x^{m-i-1} + \ldots + B_{m-1})\\ &\times (b_0 x^n + b_1 x^{n-1} + \ldots + b_i x^{n-i} + \ldots + b_n),\end{aligned}$$

sera

$$(5)\qquad \left\{\begin{aligned} &A_0 a_i + A_1 A_{i-1} + A_2 a_{i-2} + \ldots + A_i a_0\\ &+ B_0 b_i + B_1 b_{i-1} + B_2 b_{i-2} + \ldots + B_i b_0.\end{aligned}\right.$$

En faisant donc varier i depuis o jusqu'à $m+n-1$, on aura les $m+n-1$ équations

$$(6)\qquad \left\{\begin{array}{llr} A_0 a_0 & + B_0 b_0 & = 0\\ A_0 a_1 + A_1 a_0 & + B_0 b_1 + B_1 b_0 & = 0\\ A_0 a_2 + A_1 a_1 + A_2 a_0 & + B_0 b_2 + B_1 b_1 + B_2 b_0 & = 0\\ A_0 a_3 + A_1 a_2 + A_2 a_1 + A_3 a_0 & + B_0 b_3 + B_1 b_2 + B_2 b_1 + B_3 b_0 & = 0\\ \ldots\ldots\ldots\ldots & \ldots\ldots\ldots\ldots & \ldots\\ A_0 a_i + A_1 a_{i-1} + A_2 a_{i-2} + \ldots\ldots & + B_0 b_i + B_1 b_{i-1} + B_2 b_{i-2} + \ldots\ldots & = 0\\ \ldots\ldots\ldots\ldots & \ldots\ldots\ldots\ldots & \ldots\\ \quad A_{n-2} a_m + A_{n-1} a_{m-1} & \quad + B_{m-2} b_n + B_{m-1} b_{n-1} & = 0\\ \quad A_{n-1} a_m & \quad + B_{m-1} b_n & = 0 \end{array}\right.$$

Ces $m+n$ équations peuvent être supposées contenir les $m+n$ inconnues $(A_0 A_1, \ldots, A_m;\ B_0 B_1, \ldots, B_n)$. Par suite, à l'aide d'un théorème connu, la fonction restante cherchée sera le déterminant

$$(7)\qquad \begin{vmatrix} a_0 & 0 & 0 & 0\ldots\ldots & 0 & 0 & b_0 & 0 & 0 & 0\ldots\ldots & 0 & 0\\ a_1 & a_0 & 0 & 0\ldots\ldots & 0 & 0 & b_1 & b_0 & 0 & 0\ldots\ldots & 0 & 0\\ a_2 & a_1 & a_0 & 0\ldots\ldots & 0 & 0 & b_2 & b_1 & b_0 & 0\ldots\ldots & 0 & 0\\ \ldots & \ldots & \ldots & \ldots & 0 & 0 & \ldots & \ldots & \ldots & \ldots & \ldots & \ldots\\ a_i & a_{i-1} & a_{i-2} & a_{i-3}\ldots & 0 & 0 & b_i & b_{i-1} & b_{i-2} & b_{i-3}\ldots & 0 & 0\\ \ldots & \ldots & \ldots & \ldots & \ldots & \ldots & \ldots & \ldots & \ldots & \ldots & \ldots & \ldots\\ 0 & 0 & 0 & 0\ldots\ldots & a_m & a_{m-1} & 0 & 0 & 0 & 0\ldots\ldots & b_n & b_{n-1}\\ 0 & 0 & 0 & 0\ldots\ldots & 0 & a_m & 0 & 0 & 0 & 0\ldots\ldots & 0 & b_n \end{vmatrix}$$

et comme il est évidemment de degré $m+n$, il représentera bien la résultante en question.

En faisant faire à ce déterminant un demi-tour et en le retournant sens dessus dessous, on voit que cette résultante est identique à celle fournie par le déterminant suivant :

$$
(8)\qquad
\begin{vmatrix}
a_0 & a_1 & a_2 & a_3\ldots\ldots & & a_{m-1} & a_m & 0 & 0 & 0\ldots\ldots & & & 0 \\
0 & a_0 & a_1 & a_2\ldots\ldots & & a_{m-2} & a_{m-1} & a_m & 0 & 0\ldots\ldots & & & 0 \\
0 & 0 & a_0 & a_1\ldots\ldots & & a_{m-3} & a_{m-2} & a_{m-1} & a_m & 0\ldots\ldots & & & 0 \\
0 & 0 & 0 & a_0\ldots\ldots & & a_{m-4} & a_{m-3} & a_{m-2} & a_{m-1} & a_m\ldots\ldots & & & 0 \\
\ldots & \ldots & \ldots & \ldots & \ldots & \ldots & \ldots & \ldots & \ldots & \ldots & \ldots & \ldots & \ldots \\
0 & 0 & 0 & 0\ldots\ldots & & a_0 & a_1 & a_2 & a_3 & a_4\ldots & a_{m-1} & a_m & 0 \\
0 & 0 & 0 & 0\ldots\ldots & & 0 & a_0 & a_1 & a_2 & a_3\ldots & a_{m-2} & a_{m-1} & a_m \\
b_0 & b_1 & b_2 & b_3\ldots & b_n & 0 & 0 & 0 & 0 & 0\ldots & 0 & 0 & 0 \\
0 & b_0 & b_1 & b_2\ldots & b_{n-1} & b_n & 0 & 0 & 0 & 0\ldots & 0 & 0 & 0 \\
0 & 0 & b_0 & b_1\ldots & b_{n-2} & b_{n-1} & b_n & 0 & 0 & 0\ldots & 0 & 0 & 0 \\
0 & 0 & 0 & b_0\ldots & b_{n-3} & b_{n-2} & b_{n-1} & b_n & 0 & 0\ldots & 0 & 0 & 0 \\
\ldots & \ldots & \ldots & \ldots & \ldots & \ldots & \ldots & \ldots & \ldots & \ldots & \ldots & \ldots & \ldots \\
\ldots & \ldots & \ldots & \ldots & \ldots & \ldots & \ldots & \ldots & \ldots & \ldots & \ldots & \ldots & \ldots \\
0 & 0 & 0 & 0\ldots & b_0\ b_1 & b_2 & b_3 & b_4 & b_5\ldots\ldots & & b_{n-1} & b_n & 0 \\
0 & 0 & 0 & 0\ldots & 0\ b_0 & b_1 & b_2 & b_3 & b_4\ldots\ldots & & b_{n-2} & b_{n-1} & b_n
\end{vmatrix}
$$

dont la loi de formation est plus facile et pourrait se formuler ainsi : 1° *Ecrivez n suites des coefficients de l'équation de degré m, l'une au-dessous de l'autre, en avançant chaque suite d'un rang à droite.* 2° *Après ces n suites, et vis-à-vis de la première suite, écrivez m suites des coefficients de l'équation de degré n, l'une au-dessous de l'autre, en les avançant pareillement à droite d'un rang.* 3° *Remplissez toutes les places vides par des zéros; l'ensemble des lignes constituera le déterminant cherché.*

Pour fixer les idées, supposons $m=4$, $n=3$, on aura :

$$
R = \begin{vmatrix}
a_0 & a_1 & a_2 & a_3 & a_4 & 0 & 0 \\
0 & a_0 & a_1 & a_2 & a_3 & a_4 & 0 \\
0 & 0 & a_0 & a_1 & a_2 & a_3 & a_4 \\
b_0 & b_1 & b_2 & b_3 & 0 & 0 & 0 \\
0 & b_0 & b_1 & b_2 & b_3 & 0 & 0 \\
0 & 0 & b_0 & b_1 & b_2 & b_3 & 0 \\
0 & 0 & 0 & b_0 & b_1 & b_2 & b_3
\end{vmatrix}
$$

qui sera une fonction de 3e degré par rapport aux coefficients (a) et de 4e degré par rapport aux coefficients (b), comme cela devait être.

Observons maintenant que si l'on avait éliminé des équations suivantes :

$$(9)\qquad \begin{cases} x^{n-1}\varphi = 0 \\ x^{n-2}\varphi = 0 \\ x^{n-3}\varphi = 0 \\ \cdots\cdots\cdots \\ x\varphi = 0 \\ \varphi = 0 \\ x^{m-1}\psi = 0 \\ x^{m-2}\psi = 0 \\ x^{m-3}\psi = 0 \\ \cdots\cdots\cdots \\ x\psi = 0 \\ \psi = 0 \end{cases}$$

les $m+n$ puissances de x

$$x^{m+n-1},\quad x^{m+n-2},\quad x^{m+n-3},\ \ldots,\quad x^3,\quad x^2,\quad x,\quad x^0,$$

en les considérant comme des inconnues, on aurait obtenu précisément la résultante sous la forme (8). C'est ce qu'on pourrait voir directement à l'aide de l'équation

$$\Phi\varphi + \Psi\psi = 0$$

convenablement préparée.

Le procédé d'élimination fondé sur les équations (9) et donné par M. Sylvester n'est ainsi qu'une transformation, et comme un retournement de la méthode d'Euler. Mais l'avantage de ce procédé, c'est de pouvoir s'appliquer avec plus de facilité à un nombre plus grand d'équations à plusieurs inconnues, comme on verra dans une note à la fin (*).

(*) Voici encore une méthode propre à fournir les conditions pour que les deux équations proposées φ et ψ aient une ou plusieurs racines communes. Supposons qu'il ne s'agisse, pour le moment, que d'une seule racine α, et posons $n = m$. Il faudra évidemment que l'on ait

$$\varphi = (x-\alpha)(p_0x^{m-1} + p_1x^{m-2} + \ldots + p_{m-1}),$$
$$\psi = (x-\alpha)(q_0x^{m-1} + q_1x^{m-2} + \ldots + q_{m-1}),$$

C'est à l'aide de la forme de la résultante (8) et d'un théorème, dont nous parlerons plus tard, que nous avons calculé les produits des carrés des différences des racines pour le 4e et le 5e degré. Supposons que les équations données soient

$$ax^4 + 4bx^3 + 6cx^2 + 4dx + e = 0,$$
$$ax^5 + 5bx^4 + 10cx^3 + 10dx^2 + 5ex + f = 0,$$

et appelons Δ_4, Δ_5 les produits respectifs; on aura :

$$\Delta_4 = \begin{vmatrix} a & 3b & 3c & d & 0 & 0 \\ 0 & a & 3b & 3c & d & 0 \\ 0 & 0 & a & 3b & 3c & d \\ b & 3c & 3d & e & 0 & 0 \\ 0 & b & 3c & 3d & e & 0 \\ 0 & 0 & b & 3c & 3d & e \end{vmatrix}$$

$$= a^3e^3 - 64b^3d^3 + 36b^2c^2d^2 - 12a^2bde^2 + 81ac^4e - 180abc^2de$$
$$- 18a^2c^2e^2 - 6ab^2d^2e + 108(abcd^3 + b^3cde) - 27(a^2d^4 + b^4e^2)$$
$$+ 54(ab^2ce^2 + a^2cd^2e) - 54(eb^2c^3 + ac^3d^2)$$

---

et alors, en éliminant le facteur $x - \alpha$, il viendra l'équation

$$(a_0x^m + a_1x^{m-1} + a_2x^{m-2} + \ldots + a_{m-1})(q_0x^{m-1} + q_1x^{m-2} + \ldots + q_{m-1})$$
$$= (b_0x^m + b_1x^{m-1} + \ldots + b_m)(p_0x^{m-1} + p_1x^{m-2} + \ldots + p_{m-1}),$$

qui, devant être identique, fournira les équations de condition

$$0 = q_0a_0 - p_0b_0 = 0,$$
$$0 = q_0a_1 + p_0b_1 - p_0b_1 - p_1b_0,$$
$$0 = q_0a_2 + q_1a_1 + q_0a_2 - p_0b_2 - p_1b_1 - p_0b_2,$$
$$\ldots\ldots\ldots\ldots\ldots\ldots\ldots\ldots\ldots\ldots$$
$$0 = q_{m-1}a_m - p_{m-1}b_m.$$

Par suite, l'élimination des quantités (p) et (q) conduira à un déterminant de la forme

$$\begin{vmatrix} a_0 & a_1 & a_2 & a_3\ldots a_{m-1} & a_m & 0 & 0\ldots\ldots 0 & 0 \\ b_0 & b_1 & b_2 & b_3\ldots b_{m-1} & b_m & 0 & 0\ldots\ldots 0 & 0 \\ 0 & a_0 & a_1 & a_2\ldots a_{m-2} & a_{m-1} & a_m & 0\ldots\ldots 0 & 0 \\ 0 & b_0 & b_1 & b_2\ldots b_{m-2} & b_{m-1} & b_m & 0\ldots\ldots 0 & 0 \\ 0 & 0 & a_0 & a_1\ldots a_{m-3} & a_{m-2} & a_{m-1} & a_m\ldots 0 & 0 \\ 0 & 0 & b_0 & b_1\ldots b_{m-3} & b_{m-2} & b_{m-1} & b_m\ldots 0 & 0 \\ \ldots & \ldots & \ldots & \ldots & \ldots & \ldots & \ldots & \ldots \\ 0 & 0 & 0 & 0\ldots a_0 & a_1 & a_2 & a_3\ldots a_{m-1} & a_m \\ 0 & 0 & 0 & 0\ldots b_0 & b_1 & b_2 & b_3\ldots b_{m-1} & b_m \end{vmatrix}$$

plus *mnémonique* en quelque sorte que les précédents et qui sera la résultante cherchée.

et

$$\Delta_5 = \begin{vmatrix} a & 4b & 6c & 4d & e & 0 & 0 & 0 \\ 0 & a & 4b & 6c & 4d & e & 0 & 0 \\ 0 & 0 & a & 4b & 6c & 4d & e & 0 \\ 0 & 0 & 0 & a & 4b & 6c & 4d & e \\ b & 4c & 6d & 4e & f & 0 & 0 & 0 \\ 0 & b & 4c & 6d & 4e & f & 0 & 0 \\ 0 & 0 & b & 4c & 6d & 4e & f & 0 \\ 0 & 0 & 0 & b & 4c & 6d & 4e & f \end{vmatrix}$$

$$\begin{aligned} = {} & a^4 f^4 - 3375 h^4 d^4 - 20 a^3 bef^3 - 120 a^3 cdf^3 + 2640 a^2 c^2 d^2 f^2 \\ & - 10 a^2 b^2 e^2 f^2 - 1640 a^2 bcdef^2 + 5120 ac^3 d^3 f - 180 ab^3 e^3 f \\ & + 28480 abc^2 d^2 ef - 14920 ab^2 cde^2 f + 9000 b^3 cde^3 + 2000 b^2 c^2 d^2 e^2 \\ & + 256(a^3 e^5 + b^5 f^3) + 3456(ac^5 f^2 + a^2 d^5 f) + 6400(ac^4 e^3 + b^3 d^4 f) \\ & + 7200(ab^2 ce^4 + b^4 de^2 f) + 360(a^3 d^2 ef^2 + a^2 bc^2 f^3) \\ & + 160(a^3 ce^2 f^2 + a^2 b^2 df^3) + 5760(a^2 cd^2 e^3 + b^3 c^2 df^2) \\ & + 320(a^2 bce^3 f + ab^3 def^2) + 960(ab^2 d^3 ef) + abc^3 e^2 f) \\ & + 7200(abce^2 d^3 + b^2 c^3 def) + 4480(a^2 c^2 de^2 f + ab^3 cd^2 f^2) \\ & + 4080(a^2 bd^2 e^2 f + ab^2 c^2 ef^2) - 2560(a^2 c^2 e^4 + b^4 d^2 f^2) \\ & - 4000(b^3 d^3 e^2 + b^2 c^3 e^3) - 640(a^3 de^3 f + ab^3 cf^3) \\ & - 2160(a^2 d^4 e^2 + b^2 c^4 f^2) - 11520(abcd^4 f + ac^4 def) \\ & - 1920(a^2 bde^4 + b^4 cef^2) - 1440(a^2 bd^3 f + a^2 c^3 ef^2) \\ & - 3200(ac^3 d^2 e^2 + b^2 c^2 d^3 f) - 600(ab^2 d^2 e^3 + b^3 c^2 e^2 f) \\ & - 16000(abc^2 de^3 + b^3 cd^2 ef) - 10080(a^2 cd^3 ef + abc^3 df^2). \end{aligned}$$

En comparaison de ces méthodes d'élimination, celle que nous donnons ci-après offre quelques avantages et peut leur servir dans tous les cas de contrôle.

§ V.

Méthode nouvelle pour calculer la résultante à l'aide de coefficients indéterminés.

Cette méthode repose sur une propriété nouvelle de la résultante, et qui consiste en ce que la fonction R doit vérifier l'équation aux dérivées partielles

$$(1)\quad \left.\begin{array}{l} ma_0\dfrac{dR}{da_1}+(m-1)a_1\dfrac{dR}{da_2}+(m-2)a_2\dfrac{dR}{da_3}+\ldots+a_{m-1}\dfrac{dR}{da_m}\\ +nb_0\dfrac{dR}{db_1}+(n-1)b_1\dfrac{dR}{db_2}+(n-2)b_2\dfrac{dR}{db_3}+\ldots+b_{n-1}\dfrac{dR}{db_n}\end{array}\right\}=0.$$

Pour la démontrer, rappelons-nous qu'on a

$$(2)\quad \begin{cases} R=a_0b_0^m(\alpha_1-\beta_1)(\alpha_2-\beta_1)(\alpha_3-\beta_1)\ldots(\alpha_m-\beta_1)\\ \qquad(\alpha_1-\beta_2)(\alpha_2-\beta_2)(\alpha_3-\beta_2)\ldots(\alpha_m-\beta_2)\\ \qquad(\alpha_1-\beta_3)(\alpha_2-\beta_3)(\alpha_3-\beta_3)\ldots(\alpha_m-\beta_3)\\ \qquad\ldots\ldots\ldots\ldots\ldots\ldots\ldots\ldots\\ \qquad(\alpha_1-\beta_n)(\alpha_2-\beta_n)(\alpha_3-\beta_n)\ldots(\alpha_m-\beta_n).\end{cases}$$

Or, si dans les équations proposées on posait $x=x'+h$, la résultante R ne changerait pas, car la constante h disparaîtrait dans les différences deux à deux des racines. Appelons donc

$$A_0,\quad A_1,\quad A_2,\ldots,\quad A_m;\quad B_0,\quad B_1,\quad B_2,\ldots,\quad B_n$$

les coefficients des nouvelles équations en x', dont les valeurs seront

$$(3)\quad \begin{cases} A_0=a_0\\ A_1=a_1+ma_0h,\\ A_2=a_2+(m-1)a_1h+\dfrac{m(m-1)}{1.2}a_0h^2,\\ A_3=a_3+(m-2)a_2h+\dfrac{(m-1)(m-2)}{1.2}a_1h^2+\dfrac{m(m-1)(m-2)}{1.2.3}a_0h^3,\\ \ldots\ldots\ldots\ldots\ldots\ldots\ldots\ldots\\ A_m=a_m+a_{m-1}h+a_{m-2}h^2+a_{m-3}h^3+\ldots+a_0h^m,\\ B_0=b_0,\\ B_1=b_1+nb_0h,\\ B_2=b_2+(n-1)b_1h+\dfrac{n(n-1)}{1.2}b_0h^2,\\ B_3=b_3+(n-2)b_2h+\dfrac{(n-1)(n-2)}{1.2}b_1h^2+\dfrac{n(n-1)(n-2)}{1.2.3}b_0h^3,\\ \ldots\ldots\ldots\ldots\ldots\ldots\ldots\ldots\\ B_n=b_n+b_{n-1}h+b_{n-2}h^2+b_{n-3}h^3+\ldots+b_0h_n,\end{cases}$$

et supposons qu'on ait

$$(4)\quad R=F(a_0,\ a_1,\ a_2,\ldots,\ a_m,\ b_0,\ b_1,\ b_2,\ldots,\ b_n).$$

La nouvelle résultante R′ sera

(5) $$R' = F(A_0, A_1, A_1, \ldots, A_m, B_0, B_1, B_2, \ldots, B_n),$$

ou encore

(6) $$R' = F\left\{\begin{matrix} a_0 + \delta a_0, & a_1 + \delta a_1, & a_2 + \delta a_2, \ldots, & a_m + \delta a_m \\ b_0 + \delta b_0, & b_1 + \delta b_1, & b_2 + \delta b_2, \ldots, & b_n + \delta b_n \end{matrix}\right\},$$

en désignant par $\delta a_0, \delta a_1, \ldots, \delta b_0, \delta b_1, \ldots$, les accroissements

$$A_0 - a_0, \; A_1 - a_1, \ldots, \; A_m - a_m, \; B_0 - b_0, \; B_1 - b_1, \ldots, \; B_n - b_n$$

qui résultent des égalités (3). En développant alors R′ suivant le théorème de Taylor étendu à plusieurs variables, on aura

(7) $$R' = R + \left\{\begin{matrix} ma_0 \dfrac{dR}{da_1} + (m-1)a_1 \dfrac{dR}{da_2} + (m-2)a_2 \dfrac{dR}{da_3} + \ldots + a_{m-1} \dfrac{dR}{da_m} \\ nb_0 \dfrac{dR}{db_1} + (n-1)b_1 \dfrac{dR}{db_2} + (n-2)b_2 \dfrac{dR}{db_3} + \ldots + b_{n-1} \dfrac{dR}{db_n} \end{matrix}\right\} h + \ldots.$$

Mais R′ doit coïncider avec R; h d'ailleurs est quelconque; donc tous les coefficients des diverses puissances de h, et en particulier celui de la première, devront s'annuler. C. Q. F. D.

Supposons donc que la forme littérale de la résultante R soit connue, ce qui sera facile à l'aide du théorème donné dans le nº 4 du § II joint à la remarque qui suit, et qu'on représente les coefficients numériques par des coefficients indéterminés A, B, C, D;.... En substituant cette expression de R dans l'équation (1), le résultat devra être identiquement nul; par conséquent, tous les coefficients des nouveaux termes qui se formeront, devront se réduire à zéro, et fourniront ainsi autant d'équations de condition, par lesquelles on assignera la valeur de coefficients indéterminés A, B, C, D,. ..

Soient, par exemple, les équations

$$a_0x^2 + a_1x + a_2 = 0,$$
$$b_0x^2 + b_1x + b_2 = 0;$$

la forme littérale de leur résultante sera

$$A(a_0^2 b_2^2 + a_2^2 b_0^2) + B(a_0 a_1 b_1 b_2 + a_1 a_2 b_0 b_1)$$
$$+ C(a_0 a_2 b_1^2 + a_1^2 b_0 b_2) + D a_0 a_2 b_0 b_2,$$

et l'équation aux dérivées partielles (1) deviendra

$$2\left(a_0 \frac{dR}{da_1} + b_0 \frac{dR}{db_1}\right) + a_1 \frac{dR}{da_2} + b_1 \frac{dR}{db_2} = 0,$$

dont on tirera les équations de condition

$$\begin{aligned} A + B &= 0, \\ B + C &= 0, \\ 2B + 4C + D &= 0; \end{aligned}$$

et comme un des coefficients de la forme de R est toujours arbitraire, on peut prendre ici $A = 1$, d'où

$$B = -1, \quad C = 1, \quad D = -2.$$

Ainsi la résultante des équations (8) sera

$$\begin{aligned} & 1.(a_0^2 b_2^2 + a_2^2 b_0^2) - 1.(a_0 a_1 b_1 b_2 + a_1 a_2 b_0 b_1) \\ & + 1.(a_0 a_2 b_1^2 + a_1^2 b_0 b_2) - 2 a_0 a_2 b_0 b_2 \\ & = (a_0 b_2 - a_2 b_0)^2 - (a_0 b_1 - a_1 b_0)(a_1 b_2 - a_2 b_1). \end{aligned}$$

C'est à l'aide de cette méthode que j'ai calculé les résultantes des équations

$$\begin{aligned} ax^3 + bx^2 + cx + d &= 0, \\ px^3 + qx^2 + rx + s &= 0, \end{aligned}$$

et

$$\begin{aligned} ax^4 + bx^3 + cx^2 + dx + e &= 0, \\ px^4 + qx^3 + rx^2 + sx + t &= 0, \end{aligned}$$

que je rapporterai ici telles que je les ai données dans les *Annales de Tortolini*. En les appelant respectivement R_3, R_4, on a

$$\begin{aligned} R_3 = {} & a^3 s^3 - p^3 d^3 + ac^2 q^2 s - b^2 dpr^2 + ad^2 q^3 - b^3 s^2 p + 2(bd^2 p^2 r - a^2 cps^2) \\ & + c^3 p^2 s - r^3 a^2 d + a^2 cr^2 s - c^2 dp^2 r + cd^2 p^2 q - a^2 brs^2 \\ & + ab^2 qs^2 - bd^2 pq^2 + 3(ad^2 p^2 s - a^2 dps^2) + bcdqpr - abcqrs \\ & + pqsacd - abdprs + 1(abdqr^2 - bc^2 pqs + b^2 cprs - acdq^2 r) \\ & + 2(acdpr^2 - ac^2 prs + b^2 dpqs - abdq^2 s) \\ & + 3(abcps^2 - ad^2 pqr + a^2 dqrs - bcdp^2 s). \end{aligned}$$

$$R_1 = +6a^2e^2p^2t^2 + 10\,abdepqst + (a^4t^4 + p^4e^4) + (b^4p^2t^2 + q^4ae^3) - (de^3p^3q + st^3a^3b)$$

$-$	$ad^2epq^2t + ab^2eps^2t$	$+$	$b^4pt^3 + ae^3q^4 + d^4p^3t + a^3es^4$
$-$	$b^3eps^3 + ad^3q^3t$	$+$	$ce^3p^2q^2 + a^2b^2rt^3 + a^3cs^2t^2 + d^2e^2p^3r$
$-$	$ade^2p^2qt + a^2bepst^2$	$+$	$b^2c^2pr^3 + ac^3q^2t^2 + a^2d^2r^3t + p^2s^2c^3e$
$-$	$ab^2dqs^2t + bd^2epq^2s$	$+$	$a^2e^2q^2rt + p^2t^2b^2ce + a^2e^2pr^2s + ac^2dp^2t^2$
$+$	$c^2e^2p^2r^2 + a^2c^2r^2t^2$	$+$	$abceq^2st + b^2depqrt + acdepqs^2 + abd^2prst$
$+$	$ac^2eq^2s^2 + b^2d^2pr^2t$	$+$	$bd^3pq^2t + ab^2eqs^3 + b^3dps^2t + ad^2eq^3s$
$+$	$abdeqr^2s + bc^2dpqst$	$+$	$c^2d^2p^2rt + a^2cer^2s^2 + b^2c^2prt^2 + ace^2q^2r^2$
$+$	$abe^2p^2st + a^2depqt^2$	$+$	$bc^2ep^2st + a^2deqr^2t + ac^2dpqt^2 + abe^2pr^2s$
$+$	$bce^2p^2r^2 + a^2cdqrt^2$	$+$	$ace^2q^2r^2 + b^2c^2prt^2 + a^2cer^2s^2 + c^2d^2p^2rt$
$+2$	$ace^2p^2rt + a^2ceprt^2$	$+$	$ade^2pq^2s + ab^2dpst^2 + a^2bpqs^2t + bd^2ep^2qt$
$+2$	$abd^2q^2st + b^2depqs^2$	$-$	$be^3pq^3 + ab^3qt^3 + a^3ds^3t + d^3ep^3s$
$+2$	$ac^2eq^2s^2 + b^2d^2pr^2t$	$-$	$bc^2epqs^2 + abd^2qr^2t + ac^2dqst + b^2depr^2s$
$+2$	$a^2e^2q^2s^2 + b^2d^2p^2t^2$	$-$	$abdeprs^2 + pqstacd^2 + abdeq^2rt + b^2cepqst$
-2	$ce^3p^3r + a^3crt^3$	$-$	$abe^2qr^2 + abc^3pqt^2 + a^2der^3s + c^3ep^2st$
-2	$abdeq^2s^2 + b^2d^2pqst$	$-$	$bce^2pqr^3 + abc^2qrt^2 + a^2edr^2st + c^2dep^2rs$
$+3$	$b^2e^2p^2s^2 + a^2d^2q^2t^2$	$-$	$ade^2q^3r + b^3epst^2 + a^2bers^3 + cd^3p^2qt$
-3	$a^3dqt^3 + be^3p^3s$	$+2$	$ae^3p^2r^2 + a^2c^2pt^3 + a^3er^2t^2 + c^2e^2p^3rt$
-4	$ae^3p^3t + a^3ept^3$	$+2$	$abceqr^2t + bc^2epqrt + acdepr^2s + ac^2dprst$
-4	$a^2e^2pr^2t + ac^2ep^2t^2$	$+2$	$abcepqt^2 + abe^2pqrt + acdep^2st + a^2deprst$
-4	$a^2c^2qr^2s + bc^2dp^2t^2$	$+2$	$ad^2ep^2rt + a^2ceps^2t + ab^2eprt^2 + ace^2pq^2t$
-8	$a^2e^2p^2qs^2t + abdep^2t^2$	$+2$	$ace^2q^2r^2 + b^2c^2prt^2 + a^2cer^2s^2 + c^2d^2p^2rt$
		-2	$c^2e^2p^2qs + a^2bdr^2t^2 + a^2c^2qst^2 + bde^2p^2r^2$
		-2	$abceqrs^2 + bcd^2pqrt + acdeq^2rs + b^2cdprst$
		-2	$bd^3p^2rt + a^2ceqs^3 + b^3dprt^2 + ace^2q^3s$
		-2	$c^3ep^2rt + a^2cer^3t + ac^3prt^2 + ace^2pr^3$
		-2	$ac^2eq^2rt + b^2cepr^2t + ac^2e^2prs^2 + acd^2pr^2t$
		$+3$	$be^3p^2qr + a^2beqt^3 + a^3drst^2 + cde^2p^3s$
		$+3$	$b^2e^2pq^2t + ab^2eq^2t^2 + a^2d^2ps^2t + ad^2ep^2s^2$
		$+3$	$abceps^3 + pqrtad^3 + acdeq^3t + b^3eprst$
		$+3$	$bcd^2p^2st + a^2deqrs^2 + b^2cdpqt^2 + abe^2q^2rs$
		$+3$	$ade^2pqr^2 + abc^2pst^2 + a^2ber^2st + c^2dep^2qt$
		-3	$b^2e^2p^2rt + a^2ceq^2t^2 + atd^2prt^2 + ace^2p^2s^2$
		-3	$ad^3p^2ts + a^2deps^3 + b^3epqt^2 + abe^2q^3t$
		-3	$ad^2epqrs + abcdps^2t + ab^2eqrst + bcdepq^2t$
		$+4$	$ae^3p^2qs + a^2bdpt^3 + aeqst^2 + bde^2p^3t$
		$+4$	$a^2e^2prs^3 + acd^3p^2t^2 + a^2e^2q^3rt + b^3cep^2t^2$
		$+4$	$bcdep^2rt + a^2ceqrst + abcdprt^2 + ace^2pqrs$
		-4	$a^3ers^2t + cd^2ep^3t + ae^3pq^2r + ab^2ept^3$
		-5	$b^2dep^2st + a^2deq^2st + abd^2pqt^2 + abe^2pqs^2$
		-5	$bce^2p^2qt + a^2bcqrt^2 + a^2cdpst^2 + adc^2p^2rs.$

Le long de ces recherches et de ces calculs, j'étais arrivé à une méthode extrêmement simple pour trouver la résultante R; mais un illustre géomètre m'ayant averti qu'elle coïncidait avec la méthode abrégée de Bezout, je me contenterai d'en donner une démonstration nouvelle (*).

§ VI.

Méthode abrégée de Bezout pour trouver la résultante.

Selon cette méthode, la résultante est exprimée par un déterminant symétrique de m lignes et m colonnes, dont chaque élément se compose de déterminants binaires isobariques formés par deux coefficients d'une équation et par deux coefficients correspondants de l'autre. Or tout déterminant symétrique, tel que celui-ci, peut être considéré comme le résultat de l'élimination de m variables entre m équations homogènes, qui seraient les dérivées prises par rapport à chacune de ces variables d'une certaine équation de second degré entre ces mêmes variables; si donc nous trouvons une équation de second degré qui donne lieu, de la manière indiquée, à un déterminant qui soit précisément la résultante cherchée, nous aurons trouvé en même temps son expression fournie par la méthode de Bezout.

A cet effet, posant $n = m$, et, pour plus de simplicité, $a_0 = b_0 = 1$, considérons l'équation du second degré à m variables

$$(1) \quad \left\{ \begin{aligned} \mathrm{F} = & \frac{1}{\psi(\alpha_1)\varphi'(\beta_1)}(x + \alpha_1 y + \alpha_1^2 z + \ldots + \alpha_1^{m-1} v)^2 \\ & + \frac{1}{\psi(\alpha_2)\varphi'(\beta_2)}(x + \alpha_2 y + \alpha_2^2 z + \ldots + \alpha_2^{m-1} v)^2 \\ & + \ldots\ldots\ldots\ldots\ldots\ldots\ldots\ldots \\ & + \frac{1}{\psi(\alpha_m)\varphi'(\beta_m)}(x + \alpha_m y + \alpha_m^2 z + \ldots + \alpha_m^{m-1} v)^2 \end{aligned} \right.$$

et formons les dérivées

$$\frac{1}{2}\frac{d\mathrm{F}}{dx}, \quad \frac{1}{2}\frac{d\mathrm{F}}{dy}, \quad \frac{1}{2}\frac{d\mathrm{F}}{dz}, \ldots, \quad \frac{1}{2}\frac{d\mathrm{F}}{dv},$$

qui seront des fonctions homogènes et linéaires en $x, y, z, \ldots, v$. Je dis en premier lieu que la résultante de ces fonctions égalées à zéro est l'in-

(*) Le fond de la démonstration est puisé dans les travaux de M. Hermite, insérés dans le *Journal de Crelle*.

verse de la résultante cherchée R. Car leur résultante serait

$$(2)\qquad \frac{1}{\varphi'\alpha_1\,\varphi'\alpha_2\ldots\varphi'\alpha_m\,\psi\alpha_1\,\psi\alpha_2\ldots\psi\alpha_m}\begin{vmatrix} 1 & 1 & 1 \ldots\ldots & 1 \\ \alpha_1 & \alpha_2 & \alpha_3 \ldots\ldots & \alpha_m \\ \alpha_1^2 & \alpha_2^2 & \alpha_3^2 \ldots\ldots & \alpha_m^2 \\ \ldots & \ldots & \ldots & \ldots \\ \alpha_1^{m-1} & \alpha_2^{m-1} & \alpha_3^{m-1} \ldots & \alpha_m^{m-1} \\ \alpha_1^m & \alpha_2^m & \alpha_3^m \ldots\ldots & \alpha_m^m \end{vmatrix}^2,$$

ou, par des théorèmes connus,

$$(3)\qquad \frac{1}{\psi\alpha_1\,\psi\alpha_2\ldots\psi\alpha_m}=\frac{1}{R}.$$

Cherchons maintenant une transformée de F telle, que la résultante des nouvelles dérivées soit l'inverse de celle-ci, c'est-à-dire R. Pour y arriver, posons

$$(4)\qquad \begin{cases} x+\alpha_1 y+\alpha_1^2 z+\ldots+\alpha_1^{m-1}v=A_1, \\ x+\alpha_2 y+\alpha_2^2 z+\ldots+\alpha_2^{m-1}v=A_2, \\ x+\alpha_3 y+\alpha_3^2 z+\ldots+\alpha_3^{m-1}v=A_3, \\ \ldots\ldots\ldots\ldots\ldots\ldots\ldots\ldots \\ x+\alpha_m y+\alpha_m^2 z+\ldots+\alpha_m^{m-1}v=A_m; \end{cases}$$

on aura

$$(5)\qquad F=\frac{A_1^2}{\psi\alpha_1\,\varphi'\alpha_1}+\frac{A_2^2}{\psi\alpha_2\,\varphi'\alpha_2}+\frac{A_3^2}{\psi\alpha_3\,\varphi'\alpha_3}+\ldots+\frac{A_m}{\psi\alpha_m\,\varphi'\alpha_m}=\sum\frac{A^2}{\psi(\alpha)\,\varphi'(\alpha)},$$

et

$$(6)\qquad \begin{cases} \dfrac{1}{2}\dfrac{dF}{dx}=\sum\dfrac{A}{\psi(\alpha)\,\varphi'(\alpha)}, \\ \dfrac{1}{2}\dfrac{dF}{dy}=\sum\dfrac{\alpha A}{\psi(\alpha)\,\varphi'(\alpha)}, \\ \dfrac{1}{2}\dfrac{dF}{dz}=\sum\dfrac{\alpha^2 A}{\psi(\alpha)\,\varphi'(\alpha)}, \\ \ldots\ldots\ldots\ldots \\ \dfrac{1}{2}\dfrac{dF}{dv}=\sum\dfrac{\alpha^{m-1} A}{\psi(\alpha)\,\varphi'(\alpha)}, \end{cases}$$

le signe $\sum$ s'étendant à toutes les racines $\alpha_1, \alpha_2, \ldots, \alpha_m$.

Exprimons maintenant F en fonction de nouvelles variables X, Y, Z,..., V, qui seraient liées aux anciennes par les équations

$$(7)\quad\begin{cases} X = \frac{1}{2}\frac{dF}{dx} = \frac{A_1}{\psi(\alpha_1)\varphi'(\alpha_1)} + \frac{A_2}{\psi(\alpha_2)\varphi'(\alpha_2)} + \ldots + \frac{A_m}{\psi(\alpha_m)\varphi'(\alpha_m)}, \\ Y = \frac{1}{2}\frac{dF}{dy} = \frac{\alpha_1 A_1}{\psi(\alpha_1)\varphi'(\alpha_1)} + \frac{\alpha_2 A_2}{\psi(\alpha_2)\varphi'(\alpha_2)} + \ldots + \frac{\alpha_m A_m}{\psi(\alpha_m)\varphi'(\alpha_m)}, \\ Z = \frac{1}{2}\frac{dF}{dz} = \frac{\alpha_1^2 A_1}{\psi(\alpha_1)\varphi'(\alpha_1)} + \frac{\alpha_2^2 A_2}{\psi(\alpha_2)\varphi'(\alpha_2)} + \ldots + \frac{\alpha_m^2 A_m}{\psi(\alpha_m)\varphi'(\alpha_m)}, \\ \ldots\ldots\ldots\ldots\ldots\ldots\ldots\ldots\ldots\ldots\ldots\ldots \\ V = \frac{1}{2}\frac{dF}{dv} = \frac{\alpha^{m-1} A_1}{\psi(\alpha_1)\varphi'(\alpha_1)} + \frac{\alpha_2^{m-1} A_2}{\psi(\alpha_2)\varphi'(\alpha_2)} + \ldots + \frac{\alpha_m^{m-1} A_m}{\psi(\alpha_m)\varphi'(\alpha_m)}. \end{cases}$$

Pour cela, nous tirerons de ces équations les valeurs des quantités

$$A_1, \quad A_2, \quad A_3, \ldots, \quad A_m$$

en fonction de $\alpha_1, \alpha_2, \ldots, \alpha_m$ et des nouvelles variables X, Y,..., V.

Rappelons-nous à cet effet que, quand on a un système d'équations tel que

$$(8)\quad\begin{cases} p_1 + p_2 + p_3 + \ldots\ldots\ldots\ldots + p_m = l_0, \\ p_1\lambda_1 + p_2\lambda_2 + p_3\lambda_3 + \ldots\ldots\ldots + p_m\lambda_m = l_1, \\ p_1\lambda_1^2 + p_2\lambda_2^2 + p_3\lambda_3^2 + \ldots\ldots\ldots + p_m\lambda^2 = l_2, \\ \ldots\ldots\ldots\ldots\ldots\ldots\ldots\ldots\ldots\ldots \\ p_1\lambda_1^{m-1} + p_2\lambda_m^{m-1} + p_3\lambda_m^{m-1} + \ldots + p_m\lambda_m^{m-1} = l_{m-1}, \end{cases}$$

la valeur de p_i est déterminée par l'équation

$$(9)\qquad f'(\lambda_i)p_i = k_0 l_0 + k_1 l_1 + k_2 l_2 + \ldots + k_{m-1} l_{m-1},$$

$k_0, k_1, k_2, \ldots, k_{m-1}$ étant les coefficients des puissances $\lambda^0, \lambda^1, \ldots, \lambda^{m-1}$ dans la fonction

$$\frac{f(\lambda)}{\lambda - \lambda_i},$$

ou, en d'autres termes, le second membre de (9) étant ce que devient $\frac{f(l)}{l-\lambda_i}$, après y avoir changé les exposants de l en indices. Par conséquent, en désignant par ζ une indéterminée quelconque, on aura

$$(10)\quad \left\{\begin{aligned} \frac{A_1}{\psi(\alpha_1)} &= \frac{\varphi(\zeta)}{\zeta-\alpha_1},\\ \frac{A_2}{\psi(\alpha_2)} &= \frac{\varphi(\zeta)}{\zeta-\alpha_2}.\\ &\ldots\ldots\\ \frac{A_m}{\psi(\alpha_m)} &= \frac{\varphi(\zeta)}{\zeta-\alpha_m}, \end{aligned}\right.$$

pourvu que, la division faite, on change

$$\zeta^0,\ \zeta^1,\ \zeta^2, \ldots, \zeta^{m-1},$$

respectivement en

$$X,\ Y,\ Z, \ldots, V.$$

A l'aide de ces valeurs, l'expression (5) de F deviendra

$$(11)\quad \mathfrak{F} = \sum \frac{\psi(\alpha)}{\varphi'(\alpha)} \frac{\varphi(\zeta)}{\zeta-\alpha} \frac{\varphi(\zeta')}{\zeta'-\alpha},$$

ζ' étant une autre indéterminée analogue à ζ, dont les puissances successives

$$\zeta'^0,\ \zeta'^1,\ \zeta'^2, \ldots, \zeta'^{m-1},$$

devront aussi se changer en

$$X,\ Y,\ Z,\ \ldots,\ V.$$

Mais on a encore

$$\begin{aligned} \mathfrak{F} &= \varphi(\zeta)\varphi(\zeta') \sum \frac{\psi(\alpha)}{\varphi'(\alpha)} \frac{1}{(\zeta-\alpha)(\zeta'-\alpha)}\\ &= \varphi(\zeta)\varphi(\zeta') \sum \frac{\psi(\alpha)}{\varphi'(\alpha)} \left(\frac{1}{\zeta-\alpha} - \frac{1}{\zeta'-\alpha}\right) \frac{1}{\zeta'-\zeta}, \end{aligned}$$

ou enfin

$$(12)\quad \mathfrak{F} = \frac{\varphi(\zeta)\psi(\zeta') - \psi(\zeta)\varphi(\zeta')}{\zeta-\zeta'},$$

et l'on voit que, sous cette forme symbolique, $\mathfrak{F}$ est immédiatement exprimable en fonction des coefficients des deux équations proposées.

Il reste maintenant à démontrer que la résultante des nouvelles dérivées

$$(13)\quad \frac{1}{2}\frac{d\mathfrak{F}}{dX},\quad \frac{1}{2}\frac{d\mathfrak{F}}{dY},\quad \frac{1}{2}\frac{d\mathfrak{F}}{dZ}, \ldots,\quad \frac{1}{2}\frac{d\mathfrak{F}}{dV},$$

est l'inverse de celle des dérivées anciennes

$$\frac{1}{2}\frac{dF}{dx},\quad \frac{1}{2}\frac{dF}{dy},\quad \frac{1}{2}\frac{dF}{dz},\ldots,\quad \frac{1}{2}\frac{dF}{dv}.$$

Car en appelant i l'invariant de la forme quadratique en $x, y, z, \ldots, v$, qu'on peut considérer comme la transformée de celle en X, Y, Z,..., V, dont nous désignerons l'invariant par I, on a, d'après un théorème connu,

$$i = \mathrm{I}.\mathrm{S}^2,$$

S étant le déterminant de la substitution (7). Mais on a

$$i = \mathrm{S} = \frac{1}{\mathrm{R}};$$

donc I, ou la résultante des fonctions (13), sera égale à

$$\mathrm{R} = \psi(\alpha_1)\,\psi(\alpha_2)\,\psi(\alpha_3)\ldots\psi(\alpha_m).$$

Ainsi la recherche de cette résultante R est ramenée à celle de la résultante de l'élimination des variables X, Y, Z,..., V entre les dérivées de $\mathfrak{F}$; et comme de l'équation (12) on déduit aisément la suivante :

$$\mathfrak{F} = \sum_{i=0}^{i=m}\sum_{j=0}^{j=m}(a_i b_j - a_j b_i)(\mathrm{X}_{m-i-1}\mathrm{X}_{m-j} + \mathrm{X}_{m-i-2}\mathrm{X}_{m-j+1} + \ldots + \mathrm{X}_{m-j+1}\mathrm{X}_{m-i}),$$

où, pour rendre la loi de formation plus évidente, on a changé les variables

$$\mathrm{X},\ \mathrm{Y},\ \mathrm{Z},\ldots,\ \mathrm{V},$$

respectivement en

$$\mathrm{X}_0,\ \mathrm{X}_1,\ \mathrm{X}_2,\ldots,\ \mathrm{X}_{m-1},$$

on conclura que la résultante R pourra se mettre sous la forme d'un déterminant symétrique, dont chaque élément sera la somme d'un certain nombre de déterminants binaires isobariques $(a_i b_j - a_j b_i)$.

Supposons, pour fixer les idées, $m = 3, 4$; on aura successivement

$$\begin{aligned}
\mathfrak{F} = {} & (a_0 b_1 - a_1 b_0)\mathrm{X}_2^2 + 2(a_0 b_2 - a_2 b_0)\mathrm{X}_1\mathrm{X}_2 + 2(a_0 b_3 - a_3 b_0)\mathrm{X}_0\mathrm{X}_2 \\
& + \begin{pmatrix} a_0 b_3 - a_3 b_0 \\ a_1 b_2 - a_2 b_1 \end{pmatrix}\mathrm{X}_1^2 + 2(a_1 b_3 - a_3 b_1)\mathrm{X}_0\mathrm{X}_1 + (a_2 b_3 - a_3 b_2)\mathrm{X}_0^2;
\end{aligned}$$

$$\begin{aligned}
\mathfrak{F} = {} & (a_0 b_1 - b_0 b_0)\mathrm{X}_3^2 + 2(a_0 b_2 - a_2 b_0)\mathrm{X}_2\mathrm{X}_3 + 2(a_0 b_3 - a_3 b_0)\mathrm{X}_1\mathrm{X}_3 \\
& + \begin{pmatrix} a_0 b_3 - a_3 b_0 \\ a_1 b_2 - a_2 b_1 \end{pmatrix}\mathrm{X}_2^2 + 2\begin{pmatrix} a_0 b_4 - a_4 b_0 \\ a_1 b_3 - a_3 b_1 \end{pmatrix}\mathrm{X}_1\mathrm{X}_2 + 2(a_0 b_4 - a_4 b_1)\mathrm{X}_0\mathrm{X}_3 \\
& + \begin{pmatrix} a_1 b_4 - a_4 b_1 \\ a_2 b_3 - a_3 b_2 \end{pmatrix}\mathrm{X}_1^2 + 2(a_1 b_4 - a_4 b_1)\mathrm{X}_0\mathrm{X}_2 + 2(a_2 b_4 - a_4 b_2)\mathrm{X}_0\mathrm{X}_1 \\
& + a_3 b_4 - a_4 b_3)\mathrm{X}_0^2,
\end{aligned}$$

et les résultantes R_3, R_4 correspondantes, seront

$$R_3 = \begin{vmatrix} a_0 b_1 - a_1 b_0 & a_0 b_2 - a_2 b_0 & a_0 b_3 - a_3 b_0 \\ a_1 b_2 - a_2 b_0 & \begin{array}{c} a_0 b_3 - a_3 b_0 \\ + a_1 b_2 - a_2 b_1 \end{array} & a_1 b_3 - a_3 b_1 \\ a_0 b_3 - a_3 b_0 & a_1 b_3 - a_3 b_1 & a_2 b_3 - a_3 b_2 \end{vmatrix}$$

$$R_4 = \begin{vmatrix} a_0 b_1 - a_1 b_0 & a_0 b_2 - a_2 b_0 & a_0 b_3 - a_3 b_0 & a_0 b_4 - a_4 b_0 \\ a_0 b_2 - a_2 b_0 & \begin{array}{c} a_0 b_3 - a_3 b_0 \\ + a_1 b_2 - a_2 b_1 \end{array} & \begin{array}{c} a_0 b_4 - a_4 b_0 \\ + a_1 b_3 - a_3 b_1 \end{array} & a_1 b_4 - a_4 b_1 \\ a_0 b_3 - a_3 b_0 & \begin{array}{c} a_0 b_4 - a_4 b_0 \\ + a_1 b_3 - a_3 b_1 \end{array} & \begin{array}{c} a_1 b_4 - a_4 b_1 \\ + a_2 b_3 - a_3 b_2 \end{array} & a_2 b_4 - a_4 b_2 \\ a_0 b_4 - a_4 b_0 & a_1 b_4 - a_4 b_1 & a_2 b_4 - a_4 b_2 & a_3 b_4 - a_4 b_3 \end{vmatrix}$$

Posons encore $m = 6$, il viendra

$$R_6 = \begin{vmatrix} a_0 b_1 - a_1 b_0 & a_0 b_2 - a_2 b_0 & a_0 b_3 - a_3 b_0 & a_0 b_4 - a_4 b_0 & a_0 b_5 - a_5 b_0 & a_0 b_6 - a_6 b_0 \\ a_0 b_2 - a_2 b_0 & \begin{array}{c} a_0 b_3 - a_3 b_0 \\ + a_1 b_2 - a_2 b_1 \end{array} & \begin{array}{c} a_0 b_4 - a_4 b_0 \\ + a_1 b_3 - a_3 b_1 \end{array} & \begin{array}{c} a_0 b_5 - a_5 b_0 \\ + a_1 b_4 - a_4 b_1 \end{array} & \begin{array}{c} a_0 b_6 - a_6 b_0 \\ + a_1 b_5 - a_5 b_1 \end{array} & a_1 b_6 - a_6 b_1 \\ a_0 b_3 - a_3 b_0 & \begin{array}{c} a_0 b_4 - a_4 b_0 \\ + a_1 b_3 - a_3 b_1 \end{array} & \begin{array}{c} a_0 b_5 - a_5 b_0 \\ + a_1 b_4 - a_4 b_1 \\ + a_2 b_3 - a_3 b_2 \end{array} & \begin{array}{c} a_0 b_6 - a_6 b_0 \\ + a_1 b_5 - a_5 b_1 \\ + a_2 b_4 - a_4 b_2 \end{array} & \begin{array}{c} a_1 b_6 - a_6 b_1 \\ + a_2 b_5 - a_5 b_2 \end{array} & a_2 b_6 - a_6 b_2 \\ a_0 b_4 - a_4 b_0 & \begin{array}{c} a_0 b_5 - a_5 b_0 \\ + a_1 b_4 - a_4 b_1 \end{array} & \begin{array}{c} a_0 b_6 - a_6 b_0 \\ + a_1 b_5 - a_5 b_1 \\ + a_2 b_4 - a_4 b_2 \end{array} & \begin{array}{c} a_1 b_6 - a_6 b_1 \\ + a_2 b_5 - a_5 b_2 \\ + a_3 b_4 - a_4 b_3 \end{array} & \begin{array}{c} a_2 b_6 - a_6 b_2 \\ + a_3 b_5 - a_5 b_3 \end{array} & a_3 b_6 - a_6 b_3 \\ a_0 b_5 - a_5 b_0 & \begin{array}{c} a_0 b_6 - a_6 b_0 \\ + a_1 b_5 - a_5 b_1 \end{array} & \begin{array}{c} a_1 b_6 - a_6 b_1 \\ + a_2 b_5 - a_5 b_2 \end{array} & \begin{array}{c} a_2 b_6 - a_6 b_2 \\ + a_3 b_5 - a_5 b_3 \end{array} & \begin{array}{c} a_3 b_6 - a_6 b_3 \\ + a_4 b_5 - a_5 b_4 \end{array} & a_4 b_6 \quad a_6 b_4 \\ a_0 b_6 - a_6 b_0 & a_1 b_6 - a_6 b_1 & a_2 b_6 - a_6 b_2 & a_3 b_6 - a_6 b_3 & a_4 b_6 - a_6 b_4 & a_5 b_6 - a_6 b_5 \end{vmatrix}$$

Ces exemples serviront à mieux saisir la règle que nous établirons pour former la résultante en général.

Soient donc

$$\varphi = a_0 x^m + a_1 x^{m-1} + a_2 x^{m-2} + a_3 x^{m-3} + \ldots + a_{m-1} x + a_m = 0,$$
$$\psi = b_0 x^m + b_1 x^{m-1} + b_2 x^{m-2} + b_3 x^{m-3} + \ldots + b_{m-1} x + b_m = 0$$

les équations données.

1°. Formez tous les déterminants binaires que l'on peut faire avec les coefficients correspondants des deux équations et tels, que dans chaque couple entrent, ou les premiers coefficients $\begin{pmatrix} a_0 \\ b_0 \end{pmatrix}$, ou les derniers $\begin{pmatrix} a_m \\ b_m \end{pmatrix}$;

ces déterminants seront de la forme

$$A_i = a_0 b_i - a_i b_0, \quad \text{ou} \quad a_{m+i} = a_i b_m - a_m b_i;$$

ordonnez-les suivant leur poids depuis 1 jusqu'au nombre $2m - 1$ en forme de déterminant symétrique de $m^{ième}$ ordre. Ce déterminant sera

$$\begin{vmatrix} A_1 & A_2 & A_3 & A_4 & \ldots A_{m-1} & A_m \\ A_2 & A_3 & A_4 & A_5 & \ldots A_m & A_{m+1} \\ A_3 & A_4 & A_5 & A_6 & \ldots A_{m+1} & A_{m+2} \\ A_4 & A_5 & A_6 & A_7 & \ldots A_{m+2} & A_{m+3} \\ \ldots & \ldots & \ldots & \ldots & \ldots & \ldots \\ A_m & A_{m+1} & A_{m+2} & A_{m+3} & \ldots A_{2m-2} & A_{2m-1} \end{vmatrix}$$

2°. Faites par la pensée dans φ et ψ, $a_0 = b_0 = a_m = b_m = 0$, et divisez par x. Répétez la même opération comme avant sur les nouvelles équations, que nous désignerons par les symboles $(m - 2)$. Vous aurez un nouveau déterminant symétrique de $(m - 2)$ ordre que vous *emboîterez* symétriquement dans le premier, de manière à laisser libres les lignes extérieures du premier déterminant.

3°. Faites de même dans les équations $(m - 2)$,

$$a_1 = b_1 = a_{m-1} = b_{m-1} = 0;$$

formez le déterminant de $(m - 4)^{ième}$ ordre avec les coefficients qui restent, et *emboîtez*-le symétriquement dans celui de $(m - 2)^{ième}$ ordre, et ainsi de suite. Le déterminant total ainsi formé sera la résultante cherchée.

Après avoir traité jusqu'ici des différentes méthodes, par lesquelles on peut trouver la résultante, il est bon d'en exposer maintenant les propriétés et les applications.

§ VII.

Propriétés diverses de la résultante de deux équations.

1. Supposons que l'on mette les équations φ et ψ sous la forme de fonctions homogènes à deux variables

$$(1) \qquad \varphi = a_0 x^m + a_1 x^{m-1} y + a_2 x^{m-2} y^2 + \ldots + a_m y^m = 0,$$

$$(2) \qquad \psi = b_0 x^n + b_1 x^{n-1} y + b_2 x^{n-2} y^2 + \ldots + b_n y^n = 0;$$

on aura ce théorème :

La solution commune aux équations $\varphi = 0$ et $\psi = 0$ est aussi une solution de l'équation

$$D_x \varphi . D_y \psi - D_y \varphi D_x \psi = 0. \tag{3}$$

En effet, en posant pour un moment $y = 1$, la vraie valeur du rapport $\frac{\psi}{\varphi}$, qui par hypothèse se présenterait sous la forme $\frac{0}{0}$, serait $\frac{\psi'}{\varphi'}$. De la même manière, en posant $x = \frac{1}{z}$, la vraie valeur du rapport $\frac{\psi(z)}{\varphi(z)}$ serait $\frac{\psi'(z)}{\varphi'(z)}$. Il viendra donc

$$\varphi' x \psi'(z) - \psi'(x) \varphi'(z) = 0,$$

équation qui coïncide avec la (3).

On peut donner de ce théorème une autre démonstration; mais comme celle-ci est susceptible d'être généralisée, nous nous réservons de la donner plus tard.

2. Théorème. — *Si dans les équations proposées φ et ψ, on substitue aux variables (x, y) des nouvelles variables (u, v) liées aux premières par des équations linéaires telles que*

$$\left\{ \begin{aligned} x &= pu + qv, \\ y &= p'u + q'v, \end{aligned} \right. \tag{4}$$

la nouvelle résultante déduite des équations transformées sera égale à l'ancienne multipliée par une puissance du déterminant de la substitution, $pq' - p'q$.

Mettons, en effet, les fonctions φ et ψ sous la forme

$$\varphi = a_0(x - \alpha_1 y)(x - \alpha_2 y)\ldots(x - \alpha_i y)\ldots(x - \alpha_m y) = 0, \tag{5}$$

$$\psi = b_0(x - \beta_1 y)(x - \beta_2 y)\ldots(x - \beta_j y)\ldots(x - \beta_n y) = 0. \tag{6}$$

Par suite de la substitution (4) les facteurs quelconques

$$x - \alpha_i y, \quad x - \beta_j y$$

deviendront respectivement

$$(p - \alpha_i p')\left(u - \frac{q'\alpha_i - q}{p - \alpha_i p'} v\right), \qquad (p - \beta_j p')\left(u - \frac{q'\beta_j - q}{p - \beta_j p'} v\right),$$

et les transformées Φ et Ψ de φ et ψ seront

$$\Phi = a_0 \varphi(p, p')\left(u - \frac{q'\alpha_1 - q}{p - \alpha_1 p'} v\right)\left(u - \frac{q'\alpha_2 - q}{p - \alpha_2 p'} v\right)\cdots\left(u - \frac{q'\alpha_m - q}{p - \alpha_m p'} v\right), \tag{7}$$

$$\Psi = b_0 \psi(p, p')\left(u - \frac{q'\beta_1 - q}{p - \beta_1 p'} v\right)\left(u - \frac{q'\beta_2 - q}{p - \beta_2 p'} v\right)\cdots\left(u - \frac{q'\beta_m - q}{p - \beta_n p'} v\right). \tag{8}$$

Or, comme nous l'avons vu, la résultante R est le produit de toutes les différences $\alpha_i - \beta_j$ que l'on peut former avec les racines de φ et de ψ. D'ailleurs, cette différence quelconque des racines serait maintenant pour les équations Φ et Ψ

$$\frac{q'\alpha_i - q}{p - \alpha_i p'} - \frac{q'\beta_j - q}{p - \beta_i p'} = \frac{(pq' - p'q)(\alpha_i - \beta_j)}{(p - \alpha_i p')(p - \beta_i p')}. \tag{9}$$

En revenant, par conséquent, à l'expression de R donnée au n° **2** du § II, et en y remplaçant a_0 et b_0 respectivement par $a_0\varphi(p, p')$ et $b_0\psi(p, p')$, la valeur de la nouvelle résultante R' sera

$$R' = (pq' - p'q)^{mn} R. \tag{10}$$ C. Q. F. D.

Corollaire. — Si dans φx et ψx on remplace la variable x par $\frac{p + qz}{p' + q'z}$, z étant une nouvelle variable, la résultante des nouvelles équations sera égale à celle des anciennes multipliée par une puissance du binôme $pq' - p'q$.

3. Théorème. — *Soient*

$$\Phi = p\varphi + q\psi, \quad \Psi = p'\varphi + q'\psi$$

deux nouvelles fonctions liées linéairement aux fonctions données φ et ψ, leur résultante R' sera égale à celle des fonctions φ et ψ multipliées par une puissance de $pq' - p'q$.

En effet, si dans l'expression (12) de $\mathfrak{F}$ donnée au § VI, on remplace φ et ψ respectivement par Φ et Ψ, on aura une nouvelle transformée qui sera

$$\mathfrak{F}' = (pq' - p'q)\left[\frac{\varphi(\zeta)\psi'(\zeta') - \varphi'(\zeta)\psi(\zeta')}{\zeta - \zeta'}\right] = (pq' - p'q)\mathfrak{F}.$$

Par conséquent, chaque élément de déterminant à déterminants binaires, qui exprime le résultante R selon la méthode abrégée de Bezout, acquerra le facteur $pq' - p'q$ et la résultante elle-même le facteur $(pq' - p'q)^m$.

Corollaire. — Lorsque φ et ψ sont respectivement les dérivées par rapport à x et y d'une même fonction

$$f = a_0 x^l + l a_1 x^{l-1} y + \frac{l(l-1)}{1.2} x^{l-2} y^2 + \ldots + a_l y^l,$$

leur résultante est naturellement une fonction des coefficients de f. Or, si lans f on fait la substitution

$$x = pX + qY,$$
$$y = p'X + q'Y,$$

et que l'on appelle F la transformée de f, la résultante fournie par les équations

$$\frac{dF}{dX} = 0, \qquad \frac{dF}{dY} = 0$$

sera égale à l'ancienne R multipliée par $(pq' - p'q)^{l(l-1)}$.

Cela est facile à démontrer, en ayant recours au théorème précédent, et en remarquant qu'on a

$$\frac{dF}{dX} = p\left(\frac{df}{dx}\right) + p'\left(\frac{df}{dy}\right),$$
$$\frac{dF}{dY} = q\left(\frac{df}{dx}\right) + q'\left(\frac{df}{dy}\right).$$

Ainsi, *pour toute fonction entière et homogène en* x, y, *il existe une fonction de ses coefficients qui a la propriété de se reproduire à un facteur près et indépendant de ces coefficients, lorsqu'on y remplace les variables par d'autres, liées linéairement aux premières.*

Il est aisé de voir que dans le cas actuel cette fonction n'est autre chose que le produit des carrés de toutes les différences entre les racines de l'équation donnée. Mais elle n'est pas la seule; car, comme M. Cayley l'a démontré, toute fonction entière et homogène en x, y admet une infinité de fonctions jouissant de la même propriété, dont cependant seulement $l - 2$ sont indépendantes entre elles.

Nous remarquerons en passant que les fonctions pour $l = 4$, $l = 5$, telles que nous les envisageons actuellement, ont été déjà données au § IV.

4. Théorème. — *Si dans les équations*

$$\varphi(x, y) = 0, \qquad \psi(x, y) = 0$$

on substitue pour x, y *des fonctions quelconques entières et homogènes de* u *et de* v,

$$x = G(u, v), \qquad y = H(u, v),$$

la résultante des équations transformées Φ *et* Ψ *sera égale à celle de* φ *et* ψ *multipliée par une puissance de la résultante des équations*

$$G(u, v) = 0, \qquad H(u, v) = 0.$$

Démonstration. — Faisons dans

$$\varphi = a_0(x - \alpha_1 y)(x - \alpha_2 y) \;.\;.\;.\; (x - \alpha_m y),$$
$$\psi = b_0(x - \beta_1 y)(x - \beta_2 y) \;.\;.\;.\; (x - \beta_n y),$$

la substitution indiquée. Les équations transformées, Φ et Ψ, seront, en désignant par Π la caractéristique d'un produit,

$$\Phi = a_0 \Pi [G(u, v) - \alpha H(u, v)],$$
$$\Psi = b_0 \Pi [G(u, v) - \beta H(u, v)].$$

Or ces équations admettront une solution commune dès qu'il y en aura une pour deux facteurs quelconques

$$G(u, v) - \alpha H(u, v) = 0,$$
$$G(u, v) - \beta H(u, v) = 0,$$

c'est-à-dire, d'après le théorème précédent, dès que leur résultante

$$(\alpha - \beta)^q Q$$

s'évanouira. Nous sous-entendons ici que Q désigne la résultante des équations $G = 0$, $H = 0$, et q leur commun degré.

Autant donc il y aura de combinaisons de facteurs, autant il y aura d'expressions, telles que $(\alpha - \beta)^q Q$, qui en s'annulant exprimeront la possibilité pour les équations Φ et Ψ d'avoir une solution commune. L'ensemble donc de ces conditions, à savoir

$$Q^{mn} R^q$$

sera la résultante cherchée, puisqu'il n'y aura pas cas de solutions qu'elle ne comprenne.

Exemple. — Soient les équations

$$\varphi = ax^2 + bxy + cy^2, \quad \psi = a'x^2 + bxy + c'y^2,$$

et transformons-les en d'autres Φ et Ψ par les équations

$$x = pu^2 + quv + rv^2, \quad y = p'u^2 + q'uv + r'v^2,$$

la résultante de Φ et Ψ sera

$$[(ac' - a'c)^2 - (ab' - a'b)(bc' - b'c)]^2 [(pr' - rp')^2 - (pq' - p'q)(qr' - rq')]^2.$$

Corollaire. — Supposons que φ et ψ soient les dérivées par rapport à x et à y d'une même fonction homogène $f(x, y)$:

La résultante de $D_x.f$, $D_y.f$ *sera une fonction des coefficients de* f, *dont une certaine puissance aura la propriété de se reproduire à un facteur près, lorsque dans* f *on remplace les variables* x, y *par des fonctions quelconques entières et homogènes d'autres variables* u *et* v.

Telle sera, par exemple, la fonction

$$(ad-bc)^2-4(ac-b^2)(bd-c^2)$$

correspondante à la fonction de x et y,

$$ax^3+3bx^2y+3cxy^2+dy^3.$$

§ VIII.

Recherche de la solution commune.

1. Après avoir vu jusqu'à présent à quelle condition deux équations données admettent une solution commune, il est naturel de se demander maintenant : *Quelle est cette solution?* M. Abel, dans ses œuvres, et M. Liouville, dans son *Journal de Mathématiqnes*, ont donné divers procédés pour la trouver et pour déterminer même une fonction quelconque rationnelle de cette solution au moyen des coefficients des équations proposées. Mais ces procédés, quoique extrêmement ingénieux, sont bien loin d'être les plus simples, et il est à croire que la réponse la plus facile à cette question aurait été connue depuis longtemps si l'on avait tenu un plus grand compte des procédés d'élimination d'Euler et de Bezout. Prenons en effet la méthode abrégée de Bezout; alors les diverses puissances

$$x^{m-1}\quad x^{m-2}\quad x^{m-3}\quad \ldots\quad x^3\quad x^2\quad x^1\quad x^0$$

de la solution commune x satisferont aux équations

$$\overset{(1)}{A_1}x^{m-1}+\overset{(1)}{A_2}x^{m-2}+\overset{(1)}{A_3}x^{m-3}+\ldots+\overset{(1)}{A_{m-1}}x+\overset{(1)}{A_m}=0,$$

$$\overset{(2)}{A_2}x^{m-1}+\overset{(2)}{A_3}x^{m-2}+\overset{(2)}{A_4}x^{m-3}+\ldots+\overset{(2)}{A_m}x+\overset{(2)}{A_{m+1}}=0,$$

$$\overset{(3)}{A_3}x^{m-1}+\overset{(3)}{A_4}x^{m-2}+\overset{(3)}{A_5}x^{m-3}+\ldots+\overset{(3)}{A_{m+1}}x+\overset{(3)}{A_{m+2}}=0,$$

. . . .

$$\overset{(m)}{A_m}x^{m-1}+\overset{(m)}{A_{m+1}}x^{m-2}+\overset{(m)}{A_{m+2}}x^{m-3}+\ldots+\overset{(m)}{A_{2m-2}}x+\overset{(m)}{A_{2m-1}}=0,$$

où les coefficients des diverses puissances de x correspondent aux éléments du déterminant à déterminants binaires formé d'après la règle du § VI (*).

Comme le nombre des équations surpasse d'une unité celui des puissances de x, considérées comme inconnues, on pourra tirer de ces équations m expressions d'une puissance quelconque $(m-i)$ de x, lesquelles seront toutes égales entre elles si la résultante s'annule. Une quelconque de ces expressions sera représentée par le quotient de deux déterminants P et Q, dont le premier sera ce que devient le déterminant

$$\begin{vmatrix} A_1^{(1)} & A_2^{(1)} & A_3^{(1)} & \ldots & A_{m-1}^{(1)} & A_m^{(1)} \\ A_2^{(2)} & A_3^{(2)} & A_4^{(2)} & \ldots & A_{m-1}^{(2)} & A_{m+1}^{(2)} \\ A_3^{(3)} & A_4^{(3)} & A_5^{(3)} & \ldots & A_{m+1}^{(3)} & A_{m+2}^{(3)} \\ \cdots & \cdots & \cdots & \cdots & \cdots & \cdots \\ A_m^{(m)} & A_{m+1}^{(m)} & A_{m+2}^{(m)} & \ldots & A_{2m-2}^{(m)} & A_{2m-1}^{(m)} \end{vmatrix}$$

lorsqu'on y néglige une ligne quelconque et que l'on remplace la colonne (i) par la dernière colonne prise avec les éléments changés de signe, et le second Q ce que devient le même déterminant, lorsqu'on y néglige la même ligne horizontale et la dernière colonne.

Soient par exemple les équations

$$a_0 x^3 + a_1 x^2 + a_2 x + a_3 = 0,$$
$$b_0 x^3 + b_1 x^2 + b_2 x + b_3 = 0;$$

leur solution commune satisfera à une quelconque des trois équations

$$(a_0 b_1 - a_1 b_0) x^2 + (a_0 b_2 - a_2 b_0) x + (a_0 b_3 - a_3 b_0) = 0,$$
$$(a_0 b_2 - a_2 b_0) x^2 + \begin{pmatrix} a_0 b_3 - a_3 b_0 \\ + a_1 b_2 - a_2 b_1 \end{pmatrix} x + (a_1 b_3 - a_3 b_1) = 0,$$
$$(a_0 b_3 - a_3 b_0) x^2 + (a_1 b_3 - a_3 b_1) x + (a_2 b_3 - a_3 b_2) = 0,$$

et si elle existe, une de ses expressions sera

$$x = -\frac{(a_0 b_1 - a_1 b_0)(a_2 b_3 - a_3 b_2) - (a_0 b_3 - a_3 b_0)(a_0 b_3 - a_3 b_0)}{(a_0 b_1 - a_1 b_0)(a_1 b_3 - a_3 b_1) - (a_0 b_2 - a_2 b_0)(a_0 b_3 - a_3 b_0)}.$$

2. On peut, de reste, en ne connaissant que la résultante, trouver la solution commune. Soit en effet α cette solution; remplaçons, ce qui est

(*) Il faut noter ici, ce qu'il est aisé de démontrer, que toutes ces équations s'annulent en même temps que les deux proposées.

permis, les équations φ et ψ par les suivantes :

$$a_0 x^m + a_1 x^{m-1} + a_2 x^{m-2} + \ldots + a_{m-1} x + a_m + \lambda(x - \alpha) = 0,$$
$$b_0 x^n + b_1 x^{n-1} + b_2 x^{n-2} + \ldots + b_{n-1} x + b_n + \mu(x - \alpha) = 0;$$

la résultante nouvelle devra encore s'annuler, puisque la première solution α en sera encore une pour les nouvelles équations. Par conséquent, α sera une racine de la nouvelle résultante égalée à zéro, et pourra être toujours déterminée. Observons, en outre, qu'on pourra se servir des indéterminées λ et μ pour simplifier les calculs.

Supposons, per exemple, qu'on ait à trouver la solution commune (α) aux deux équations suivantes :

$$ax^2 + bx + c = 0,$$
$$a'x^2 + b'x + c' = 0.$$

Ces équations mises sous la forme

$$ax^2 + bx + c + \lambda(x - \alpha) = 0,$$
$$a'x^2 + b'x + c' + \lambda'(x - \alpha) = 0,$$

fourniront la résultante

$$[ac' - a'c - \alpha(a\lambda' - a'\lambda)]^2 - (ab' - a'b + a\lambda' - a'\lambda)[bc' - b'c - \alpha(b\lambda' - b'\lambda)],$$

qui, en négligeant la partie

$$(ac' - a'c)^2 - (ab' - a'b)(bc' - b'c),$$

nécessairement nulle d'après notre hypothèse, et en posant

$$\lambda = b, \quad \lambda' = b',$$

se réduira simplement à

$$(ab' - a'b)\alpha^2 - 2(ac' - a'c)\alpha + bc' - b'c.$$

En égalant cette expression à zéro on obtiendra pour la valeur commune des racines

$$\alpha = \frac{ac' - a'c}{ab' - a'b},$$

comme cela doit être. Si l'on avait, au contraire, posé

$$\lambda = c, \quad \lambda' = c',$$

on aurait eu immédiatement

$$\alpha = \frac{bc' - b'c}{ac' - a'c},$$

qui sera encore la même solution en vertu de l'évanouissement de la résultante.

On aurait pu obtenir ces valeurs bien plus simplement ; mais nous n'avons voulu par cet exemple qu'éclaircir la méthode.

3. Soit maintenant $\theta(x)$ une fonction rationnelle quelconque de la solution x commune aux deux équations φ et ψ. Par un théorème connu elle pourra toujours être ramenée à la forme

$$\lambda_0 + \lambda_1 x + \lambda_2 x^2 + \ldots + \lambda_{m-1} x^{m-1},$$

les coefficients (λ) étant des fonctions rationnelles des coefficients de θ et de ceux des équations proposées φ et ψ.

Soit, par conséquent, $\left(\frac{P}{Q}\right)_i$ l'expression de la puissance x^i de x, déterminée comme nous l'avons expliqué au n° **1**, il viendra

$$\theta x = \lambda_0 + \lambda_1 \left(\frac{P}{Q}\right)_1 + \lambda_2 \left(\frac{P}{Q}\right)_2 + \ldots + \lambda_{m-1} \left(\frac{P}{Q}\right)_{m-1}.$$

Ainsi la question d'*exprimer une fonction rationnelle quelconque de la solution en fonction des coefficients des équations données* est complétement résolue, et, je crois, de la manière la plus prompte et la plus simple.

DEUXIÈME PARTIE.

THÉORIE GÉNÉRALE DE L'ÉLIMINATION.

§ Ier.

Recherche de la résultante. — Méthodes pour en trouver l'expression.

1. Avant d'entamer la théorie générale que nous nous proposons d'exposer, il importe de bien établir le théorème suivant, dû à Euler, qui en forme comme le point de départ :

Etant données deux équations complètes à deux variables de degré m *et* n *respectivement, le nombre de leurs solutions communes ne peut pas dépasser le produit* mn.

Soient, en effet, φ et ψ ces deux équations, que nous désignerons, pour abréger, par les notations

$$(1) \qquad \varphi = (x,\ y,\ a,\ b,\ c, \ldots, t)^m = 0,$$

$$(2) \qquad \psi = (x,\ y,\ a',\ b',\ c', \ldots, t')^n = 0.$$

En éliminant la variable y ou x, on trouvera, en appelant A, B, C, . . ., A', B', C',. . . les coefficients respectifs, deux équations de la forme

$$(3) \qquad X = (x,\ A,\ B,\ C,\dots,\ T)^{mn} = 0,$$

$$(4) \qquad Y = (y,\ A',\ B',\ C',.,.,\ T')^{mn} = 0,$$

qui seront de degré mn en x ou en y, en vertu du théorème du n° 4, § II. Par suite de cela et en s'appuyant sur quelques cas particuliers, Euler en a conclu immédiatement le théorème en question. Cependant la conclusion n'est pas si évidente, et demande quelques réflexions préalables.

Lorsqu'on est arrivé aux équations (3) et (4), qui peuvent remplacer les équations données φ et ψ, on serait tenté, au premier abord, de croire que puisqu'elles admettent mn racines chaque, on aura, en les combinant entre elles, $m^2 n^2$ solutions, ou, au moins, plus de mn solutions pour les équations proposées φ et ψ. C'est cette difficulté apparente qu'il s'agit d'aplanir. Observons à cet égard que si cela était, il faudrait que pour chaque racine, par exemple, de l'équation $Y = 0$, les équations φ et ψ admissent plus d'une solution commune. Si, par hypothèse, ces équations ne peuvent avoir plus d'une solution pour une même valeur de y, la difficulté est évidemment enlevée, et elles n'admettront pas plus de mn solutions communes. Mais supposons au contraire que, pour une même valeur de y, elles admettent par exemple deux solutions. Alors, d'après le théorème de Lagrange, il faudrait d'abord que cette valeur de y satisfît aux deux conditions

$$(5) \qquad Y = 0, \quad \frac{dY}{d\varpi} = 0. \ (*)$$

Soit y_1 cette valeur, les proposées admettraient les deux solutions

$$x_1,\ y_1;\quad x_2,\ y_1,$$

x_1 et x_2 étant les valeurs de x qui seraient associées à y_1, pourvu cependant qu'il existe une certaine condition entre les coefficients définie par la coexistence des équations (5).

Maintenant, si chacune des autres $mn - 1$ racines de l'équation

$$Y = 0$$

pouvait s'accoupler avec autant de valeurs de x distinctes de x_1 ou de x_2,

(*) On suppose ici que ϖ représente le dernier terme de l'équation $\varphi = 0$ ordonnée par rapport à x.

c'est-à-dire avec $mn - 1$, il s'ensuivrait que les équations proposées admettraient $mn + 1$ racines en x, ce qui est impossible d'après l'équation $X = 0$. Il faut donc que parmi les racines de l'équation $Y = 0$ il y en ait deux égales à y_1. En poursuivant le même raisonnement, on verrait, en général, que si l'on admet d'un côté plusieurs solutions communes en x pour une même valeur de y, il faut de l'autre admettre autant de racines égales dans l'équation $Y = 0$. Ainsi, pour p groupes de solutions communes en x, il y aura p racines distinctes en y, et comme la somme des p groupes doit reproduire les mn racines en x, celui des couples des solutions ne pourra être que mn. La même chose arriverait *vice versâ* pour y rapport à x.

Il est facile de conclure par là que, non-seulement le nombre des solutions ne pourra pas dépasser le produit mn, mais qu'*en supposant seulement les équations complètes* (*), *il sera égal précisément à mn,* quelles que soient les conditions déduites du théorème de Lagrange qui puissent exister entre les coefficients; 2° *que pour p groupes de solutions, il y aura mn — p conditions entre les coefficients des deux équations.*

Exemple. — Soient les équations

$$x^3 - 3x^2y + 3xy^2 + 18xy - 9x^2 + 23x - y^3 - 9y^2 - 23y - 15 = 0,$$
$$x^3 + 2x^2y + 3xy^2 - 6xy - 3x^2 - x + y^3 - 3y^2 - y + 3 = 0.$$

On aura, à un facteur numérique près,

$$Y = y^2(y+1)^3(y+2)^2(y-1)(y+3).$$

Il faut donc qu'à la racine $y = 0$ répondent deux solutions en x, trois à $y = -1$, deux à $y = -2$, une pour $y = 1$, et enfin une solution pour $y = -3$.

On a, en effet, les groupes suivants :

$y = 0,\ x = 3$	$y = -1,\ x = 0$	$y = -2,\ x = 3$	$y = 1,\ x = 2$	$y = -3,\ x = 2$
$y = 0,\ x = 1$	$y = -1,\ x = 4$	$y = -2,\ x = 1$		
	$y = -1,\ x = 2$			

qui exigeront quatre conditions entre les coefficients, et que X, en outre, ait l'expression suivante :

$$X = x(x-3)^2(x-2)^3(x-1)^2(x-4),$$

comme cela doit être.

(*) C'est-à-dire celles où les plus hautes dimensions des termes en x et y sont pareilles.

Remarquons enfin que la proposition susdite suppose qu'on laisse varier indéfiniment les modules de x et de y depuis $-\infty$ jusqu'à $+\infty$. Si, au contraire, on les astreignait à varier entre des limites données, le nombre des solutions serait aussi limité et différent de mn, et pour le trouver il faudrait recourir à un théorème donné par M. Hermite.

Passons maintenant à la théorie générale de l'élimination, et pour plus de clarté bornons-nous à considérer trois équations quelconques homogènes en x, y, z et de degré quelconque l, m, n. Il sera facile ensuite d'étendre les théorèmes à un nombre plus grand d'équations.

2. Soient donc

$$(6)\qquad \begin{cases} \varphi = \sum a_{p,q,r}\, x^p y^q z^r = 0, \\ \psi = \sum b_{p,q,r}\, x^p y^q z^r = 0, \\ \theta = \sum c_{p,q,r}\, x^p y^q z^r = 0, \end{cases}$$

les trois équations données, dans lesquelles le signe $\sum$ s'étend successivement à toutes les partitions que l'on peut faire des nombres l, m, n en trois parties, zéro compris, et où les indices des coefficients (a), (b), (c) suivent dans chaque terme la valeur et l'ordre même des exposants. Le nombre des termes dans chaque équation sera respectivement

$$(7)\qquad \frac{l(l+1)(l+2)}{1.2.3}, \qquad \frac{m(m+1)(m+2)}{1.2.3}, \qquad \frac{n(n+1)(n+2)}{1.2.3}.$$

Posons pour le moment $z = 1$. On se propose maintenant d'éliminer x, y entre ces trois équations ou, en d'autres termes, de trouver la condition nécessaire et suffisante pour que ces équations admettent une solution commune (x, y).

A cet effet, observons que, d'après le théorème précédent, cette solution se trouvera parmi les lm solutions des équations φ et ψ, parmi les ln solutions des équations φ et θ, et parmi les mn solutions des équations ψ et θ. Soient

$$(8)\qquad x_1 y_1,\quad x_2 y_2,\quad x_3 y_3, \ldots,\quad x_{lm} y_{lm},$$

$$(9)\qquad x' y',\quad x'_2 y'_2,\quad x'_3 y'_3, \ldots,\quad x'_{ln} y'_{ln},$$

$$(10)\qquad x'' y'',\quad x''_2 y''_2,\quad x''_3 y''_3, \ldots,\quad x''_{mn} y''_{mn},$$

ces trois suites de solutions, et considérons spécialement la première. Substituons chaque couple de cette suite dans la troisième équation θ, et formons le produit

$$(11) \qquad \mathrm{R} = \theta(x_1 y_1)\,\theta(x_2 y_2)\,\theta(x_3 y_3)\ldots\theta(x_{lm} y_{lm}).$$

Ce produit s'annulera si une des solutions (8) satisfait encore à l'équation $\theta = 0$; réciproquement, si ce produit s'annule, l'équation $\theta = 0$ sera satisfaite par une des solutions (8). Par conséquent, il sera la résultante même, puisqu'il exprimera la condition nécessaire et suffisante pour que les trois équations proposées admettent une solution commune.

3. On pourrait calculer la résultante R en ayant recours à la méthode que Poisson a donnée pour exprimer les fonctions symétriques des solutions communes en fonction des coefficients. Mais si cette méthode permet de concevoir la possibilité de trouver la résultante, elle est, d'un autre côté, tout à fait impraticable par les calculs excessivement longs qu'entraînerait la détermination des fonctions symétriques multiples. On gagnerait, par conséquent, quelque chose si l'on pouvait réduire immédiatement les calculs à ceux des fonctions symétriques simples. C'est ce qu'on peut faire en calculant le logarithme de la résultante au lieu de la résultante elle-même. Mais alors se présente cette question :

Développer une fonction quelconque d'une fonction entière à plusieurs variables suivant les puissances ascendantes de ces variables.

Nous allons voir qu'au moyen des fonctions isobariques ce développement se fait de la manière la plus prompte et la plus simple. Soit donc, pour fixer les idées,

$$(12) \qquad \left\{\begin{aligned} \varphi(\psi) = \varphi(&\Delta + \Delta^1 x + \Delta_1 y + {}_1\Delta z + \Delta^2 x^2 + \Delta_2 y^2 + {}_2\Delta z^2 \\ &+ \Delta_1^1 xy + {}_1\Delta^1 xz + {}_1\Delta_1 yz + \Delta^3 x^3 + \Delta_3 y^3 + \ldots) \end{aligned}\right.$$

une fonction de trois variables à développer suivant les puissances ascendantes de x, y, z. Il faut bien remarquer que le coefficient en général du produit $x^p y^q z^r$ est désigné par ${}_r\Delta_q^p$, de telle sorte que les sommets (p), (q), (r) correspondent toujours aux mêmes variables respectives x, y, z, et prennent leurs exposants pour indices.

Cela posé, désignons par la caractéristique $(p, q, r)^i$ une fonction de degré i par rapport aux coefficients $({}_r\Delta_q^p)$, isobarique et de poids respectivement p, q, r par rapport aux indices des sommets correspondants aux variables x, y, z; telle en outre que chaque coefficient qui entre dans un de ses termes avec l'exposant l, soit divisé par le produit $1.2.3\ldots l$; le coefficient de $x^p y^q z^r$ dans le développement susdit sera exprimé par la formule suivante :

$$(13)^{(*)} \quad \left\{ \begin{array}{l} \varphi'(\Delta)(p,q,r)^1 + \varphi''(\Delta)(p,q,r)^2 + \varphi'''(\Delta)(p,q,r)^3 + \ldots\ldots \\ \qquad + \varphi^{p+q+r-1}(\Delta)(p,q,r)^{p+q+r-1} + \varphi^{p+q+r}(\Delta)(p,q,r)^{p+q+r}. \end{array} \right.$$

Exemple. — Posons $\Delta = a$, et soit à trouver le coefficient de x^2yz; on aura :

$$(14) \quad \left\{ \begin{array}{l} \varphi'(a)\,{}_1\Delta''_1 + \varphi''(a)\left[{}_1\Delta'_1\,\Delta' + {}_1\Delta''_1 + \Delta'_1\,{}_1\Delta' + \Delta''\,{}_1\Delta_1\right] \\ \qquad + \varphi'''(a)\left[\frac{\Delta'^2\,{}_1\Delta_1}{1.2} + \Delta''\,\Delta_1\,{}_1\Delta + \Delta'\,\Delta'_1\,{}_1\Delta + \Delta'\,{}_1\Delta'\,\Delta_1\right] \\ \qquad + \varphi^{\text{IV}}(a)\frac{\Delta'^2\,\Delta_1\,{}_1\Delta}{1.2}. \end{array} \right.$$

Pour mieux éclaircir la règle, supposons qu'il n'y ait que deux variables, et remplaçons partout la lettre Δ par a. En faisant alors $q = 0$ dans la formule précédente, elle donnera, par exemple, pour les coefficients de xy^3, x^2y^4, dans le développement de la fonction $\varphi(\psi)$:

$$(15) \quad \begin{array}{l} \varphi'(a)\,a'_3 + \varphi''(a)\left[a'\,a'_3 + a'_2\,a_1 + a'_1\,a_2\right] \\ \qquad + \varphi'''(a)\left[a'_1\,a_1\,a_2 + \frac{a'_1\,(a_1)^2}{1.2}\right] + \varphi^{\text{IV}}(a)\frac{a'\,(a_1)^3}{1.2.3}; \end{array}$$

$$(16) \quad \left\{ \begin{array}{l} \varphi'(a)\,a_4^2 + \varphi''(a)\left[\frac{(a'_2)^2}{1.2} + a_2\,a_2^2 + a'_3\,a'_1\right] \\ \qquad + \varphi'''(a)\left[\frac{(a')^2\,a_1}{1.2} + \frac{a^2(a_2)^2}{2} + a^2\,a_3\,a_1 + a'_1\,a'_2\,a_1 + \frac{a_2^2\,(a'_1)^2\,a_1}{1.2}\right] \\ \qquad + \varphi^{\text{IV}}(a)\left[\frac{a_1^2\,(a_1)^3}{1.2.3} + \frac{(a')^2\,(a_2)^2}{1.2.1.2} + \frac{(a'_4)^2\,(a_1)^2}{1.2.1.2}\right] \\ \qquad + \varphi^{\text{v}}(a)\left[\frac{(a_1)^4\,a^2}{1.2.3.4} + \frac{(a_1)^2\,a_2\,(a')^2}{1.2.1.2} + \frac{(a_1)^3\,a'\,a'_1}{1.2.3}\right] \\ \qquad + \varphi^{\text{vi}}(a)\frac{(a'_1)^2\,(a_1)^4}{1.2.3.4}. \end{array} \right.$$

Dans le cas actuel la fonction φ est un logarithme, et l'on a

$$\varphi^{(i)}(a) = (-1)^{i+1}\,\frac{1}{a^i}.$$

(*) On trouvera dans notre Thèse d'Astronomie la démonstration de cette formule.

Revenons maintenant à l'expression de R, à savoir,

$$R = \theta(x_1 y_1)\,\theta(x_2 y_2)\ldots\theta(x_{lm} y_{lm}),$$

qui donne

$$(17)\qquad \log R = \log\theta(x_1 y_1) + \log\theta(x_2 y_2) + \ldots + \log\theta(x_{lm} y_{lm}).$$

On développera chacun des logarithmes contenus dans ce second membre suivant la méthode qu'on vient d'indiquer, et l'on obtiendra de cette manière log R sous la forme

$$(18)\qquad \log R = \sum C_{p,q}\left[\sum x^p y^q\right].$$

Il ne restera plus ainsi qu'à calculer les fonctions symétriques simples $\sum x^p y^q$, ce que l'on pourra faire par la méthode de Poisson. Alors en posant

$$(19)\qquad \log R = r,$$

on aura enfin la valeur cherchée de la résultante R par la série

$$(20)\qquad R = 1 + r + \frac{r^2}{1.2} + \frac{r^3}{1.2.3} + \ldots,$$

en convenant toutefois d'arrêter le développement des fonctions dans les différents termes de la série, lorsque leur degré dépassera celui que doit avoir la résultante.

On comprendra aisément que cette méthode d'obtenir la résultante s'applique à un nombre quelconque d'équations. Dans le cas le plus général cette méthode est même unique; car au delà de trois variables il n'existe plus de procédé particulier pour la trouver.

4. Observons maintenant que l'expression (11) de la résultante, contenant lm facteurs θ, sera de degré lm par rapport aux coefficients de l'équation θ. De même, si l'on s'était servi des suites (9) ou (10) pour former l'expression de R, on aurait trouvé qu'elle serait de degré ln et mn par rapport aux coefficients des équations ψ et φ respectivement. Par conséquent, le degré de la résultante par rapport à l'ensemble des coefficients des trois équations sera

$$mn + lm + ln.$$

Mais il y a plus. Rétablissons z dans les trois équations données, ou, ce qui revient au même, changeons en général le coefficient ${}_r\Delta_q^p$ en ${}_r\Delta_q^p z^r$. Alors un terme quelconque de R, qui dans l'hypothèse $z = 1$ était de la forme

$$(21)\qquad C x_1^{p_1} y_1^{q_1} x_2^{p_2} y_2^{q_2} x_3^{p_3} y_3^{q_3} \ldots\ldots x_{lm}^{p_{lm}} y_{lm}^{q_{lm}},$$

se changera en

$$(22)\qquad C x_1'^{p_1} y_1'^{q_1} z^{r_1} x_2'^{p_2} y_2'^{q_2} z^{r_2} x_3'^{p_3} y_3'^{q_3} z^{r_3} \ldots\ldots x_{lm}'^{p_{lm}} y_{lm}'^{q_{lm}} z^{r_{lm}},$$

x', y' désignant les solutions des nouvelles équations. Mais on a

$$x' = zx, \quad y' = zy, \quad p_i + q_i + r_i = n.$$

Par conséquent l'expression (22) n'est autre chose que celle (21) multipliée par z^{lmn}. Ainsi la résultante R obtenue dans le premier cas, acquiert le facteur z^{lmn} par le changement ${}_r\Delta_q^p$ en ${}_r\Delta_q^p z^r$. En d'autres termes, la résultante est isobarique et de poids lmn par rapport aux indices (r). De la même manière on verrait qu'elle est isobarique et de poids lm par rapport aux indices (p) et (q).

En résumant ces considérations et en les étendant au cas d'un nombre λ quelconque d'équations entre λ variables de degré quelconque, on arrive facilement à ce premier théorème général.

Ier THÉORÈME GÉNÉRAL.

Etant données λ équations homogènes entre λ variables $x, y, z \ldots\ldots v$, telles que

$$(23)\qquad \begin{cases} \varphi_a = \sum a_{p,q,r\ldots s}\, x^p y^q z^r \ldots v^s, \\ \varphi_b = \sum b_{p,q,r\ldots s}\, x^p y^q z^r \ldots v^s, \\ \varphi_c = \sum c_{p,q,r\ldots s}\, x^p y^q z^r \ldots v^s, \\ \ldots\ldots\ldots\ldots\ldots\ldots \\ \varphi_l = \sum l_{p,q,r\ldots s}\, x^p y^q z^r \ldots v^s, \end{cases}$$

de degré respectivement a, b, c... l, *dont nous désignerons le produit par* Π, *et dans lesquelles les indices des coefficients suivent la grandeur et l'ordre des exposants, leur résultante sera* : 1° *une fonction homogène et de degré respectivement* $\frac{\Pi}{a}, \frac{\Pi}{b}, \frac{\Pi}{c}, \ldots, \frac{\Pi}{l}$ *par rapport aux coefficients des équations*

$\varphi_a, \varphi_b, \varphi_c, \ldots \varphi_l$, et de degré $\Pi\left(\frac{1}{a}+\frac{1}{b}+\frac{1}{c}+\ldots\frac{1}{l}\right)$ par rapport à leur ensemble; 2° isobarique et de poids Π par rapport aux indices correspondants à une même variable, qui servent avec les autres à caractériser les coefficients dans les diverses équations; isobariques et de poids $\lambda\Pi$ par rapport à l'ensemble des indices.

5. Posons maintenant $x = x' + \varepsilon y$ dans les équations (6). Elles se transformeront dans les suivantes :

$$(24)\quad \begin{cases} \Phi = \sum A_{p,q,r}\, x'^p\, y^q\, z^r, \\ \Psi = \sum B_{p,q,r}\, x'^p\, y_q\, z^r, \\ \Theta = \sum C_{p,q,r}\, x'^p\, y^q\, z^r, \end{cases}$$

A, B, C, étant des fonctions des anciens coefficients de la forme

$$(25)\quad \begin{cases} A = a_{p,q,r} + \delta^{(1)} a_{p,q,r}\varepsilon + \delta^{(2)} a_{p,q,r}\varepsilon^2 + \ldots, \\ B = b_{p,q,r} + \delta^{(1)} b_{p,q,r}\varepsilon + \delta^{(2)} b_{p,q,r}\varepsilon^2 + \ldots, \\ C = c_{p,q,r} + \delta^{(1)} c_{p,q,r}\varepsilon + \delta^{(2)} c_{p,q,r}\varepsilon^2 + \ldots, \end{cases}$$

où

$$\delta^{(i)} a_{p,q,r}, \quad \delta^{(i)} b_{p,q,r}, \quad \delta^{(i)} c_{p,q,r},$$

désignent, en général, les coefficients de ε^i dans les expressions des nouveaux coefficients.

La résultante R, qui était, par hypothèse, représentée par la fonction

$$F(a_{p,q,r}, \quad b_{p,q,r}, \quad c_{p,q,r}),$$

deviendra

$$F(A_{p,q,r}, \quad B_{p,q,r}, \quad C_{p,q,r}),$$

et sera, par conséquent, de la forme

$$(26)\quad R + \delta^{(1)} R\varepsilon + \delta^{(2)} R\varepsilon^2 + \ldots,$$

où l'on a en particulier pour le coefficient de ε,

$$(27)\quad \delta^{(1)} R = \sum \frac{dR}{da_{p,q,r}} \delta^{(1)} a_{p,q,r} + \sum \frac{dR}{db_{p,q,r}} \delta^{(1)} b_{p,q,r} + \sum \frac{dR}{dc_{p,q,r}} \delta^{(1)} c_{p,q,r}.$$

Supposons maintenant que le système (x_k, y_k, z_k) de valeurs particulières attribuées aux variables x, y, z soit propre à vérifier les équations (6); on aura dans cette hypothèse

$$(28)\qquad R = 0.$$

Mais le système $(x_k + \varepsilon y_k, y_k, z_k)$ sera encore propre à vérifier les équations transformées (13), et, par conséquent, on aura encore

$$(29)\qquad R + \delta^{(1)}R.\varepsilon + \delta^{(2)}R.\varepsilon^2 + \ldots = 0,$$

ou, en vertu de l'équation (28),

$$(30)\qquad \delta^{(1)}R + \delta^{(2)}\varepsilon + \ldots = 0.$$

Or ε est quelconque; il faut donc que

$$(31)\qquad \delta^{(1)}R = 0.$$

Par conséquent, la résultante R devra satisfaire à l'équation aux dérivées partielles fournie par le second membre de l'équation (16) égalée à zéro. Cela étant, il s'ensuit le théorème suivant :

IIe THÉORÈME GÉNÉRAL.

Étant données λ équations homogènes entre λ variables $x, y, z, \ldots, v$, définies comme au premier théorème, la résultante R *satisfera aux λ équations aux dérivées partielles suivantes :*

$$(32)\quad \left\{\begin{array}{l}
0 = \sum \frac{dR}{da_{p,q,r\ldots}} \delta_x a_{p,q,r\ldots} + \sum \frac{dR}{db_{p,q,r\ldots}} \delta_x b_{p,q,r\ldots} + \sum \frac{dR}{dc_{p,q,r\ldots}} \delta_x c_{p,q,r\ldots} + \ldots + \sum \frac{dR}{dl_{p,q,r\ldots}} \delta_x l_{p,q,r\ldots}, \\
0 = \sum \frac{dR}{da_{p,q,r\ldots}} \delta_y a_{p,q,r\ldots} + \sum \frac{dR}{db_{p,q,r\ldots}} \delta_y b_{p,q,r\ldots} + \sum \frac{dR}{dc_{p,q,r\ldots}} \delta_y c_{p,q,r\ldots} + \ldots + \sum \frac{dR}{dl_{p,q,r\ldots}} \delta_y l_{p,q,r\ldots}, \\
0 = \sum \frac{dR}{da_{p,q,r\ldots}} \delta_z a_{p,q,r\ldots} + \sum \frac{dR}{db_{p,q,r\ldots}} \delta_z b_{p,q,r\ldots} + \sum \frac{dR}{dc_{p,q,r\ldots}} \delta_z c_{p,q,r\ldots} + \ldots + \sum \frac{dR}{dl_{p,q,r\ldots}} \delta_z l_{p,q,r\ldots}, \\
\ldots\ldots\ldots\ldots\ldots\ldots\ldots\ldots\ldots\ldots\ldots\ldots\ldots\ldots\ldots\ldots \\
0 = \sum \frac{dR}{da_{p,q,r\ldots}} \delta_v a_{p,q,r\ldots} + \sum \frac{dR}{db_{p,q,r\ldots}} \delta_v b_{p,q,r\ldots} + \sum \frac{dR}{dc_{p,q,r\ldots}} \delta_v c_{p,q,r\ldots} + \ldots + \sum \frac{dR}{dl_{p,q,r\ldots}} d_v l_{p,q,r\ldots},
\end{array}\right.$$

où $\delta_x a_{p,q,r}$, $\delta_y a_{p,q,r}, \ldots, \delta_v a_{p,q,r}$, *et ainsi des autres coefficients désignent les coefficients de ε dans les expressions de $A_{p,q,r}$, suivant que l'on augmente la variable x, ou y, ou r,..., ou v de εy, de εz et de εx.*

Corollaire. — A l'aide de ce théorème on pourra calculer les coefficients numériques de la résultante, lorsque sa forme littérale sera connue, *ce qui constituera une méthode nouvelle et générale d'élimination.*

6. Bezout a donné une méthode pour trouver la résultante, qui, à part les facteurs étrangers qu'elle introduit, mérite d'être remarquée. A cet effet, il multiplie la première des équations (6), dans lesquelles on peut supposer $r = 1$, par un polynôme complet en x, y, de degré $m + n - 2$, la seconde ψ par un polynôme semblable de degré $l + n - 2$, et la troisième par un autre de degré $l + m - 2$. Soient Φ, Ψ, Θ ces polynômes multiplicateurs, et formons la somme

$$\Phi\varphi + \Psi\psi + \Theta\theta,$$

qui sera une fonction en x, y de degré $l + m + n - 2$, jouissant de la propriété de s'évanouir avec φ, ψ, et θ. Disposons maintenant des coefficients de Φ, Ψ, Θ pour faire évanouir (ce qui sera possible) tous les termes en x, y dans la nouvelle fonction. Il restera, après s'être convenablement servi des valeurs des coefficients ainsi déterminés, une fonction des coefficients des équations proposées, qui jouira encore de la même propriété. Mais comme elle sera de degré supérieur à la somme $mn + lm + ln$, elle ne sera pas la résultante, mais bien la résultante multipliée par un certain facteur. A la vérité, ce facteur pourrait être dégagé en examinant le degré et le poids de la fonction; mais les nouveaux calculs, presque impraticables, qu'il faudrait faire pour y arriver, donneraient bientôt la mesure du désavantage de la méthode.

En général, pour les équations définies comme au premier théorème général, les polynômes multiplicateurs seraient respectivement et successivement de degré

$$s - \mathrm{a} - \lambda + 1, \quad s - \mathrm{b} - \lambda + 1, \quad s - \mathrm{c} - \lambda + 1, \ldots, s - \mathrm{l} - \lambda + 1,$$

s étant la somme

$$\mathrm{a} + \mathrm{b} + \mathrm{c} + \ldots + \mathrm{l}.$$

7. Nous avons vu, au n° **2**, que si les équations φ, ψ et θ admettent une solution commune, il existe une condition entre les coefficients, exprimée par l'équation

$$\mathrm{R} = 0.$$

Mais s'il y a d'autres solutions, à quelles nouvelles conditions devront satisfaire les coefficients? Lagrange a fait voir ce qui arrive alors pour le cas d'une variable, mais il n'a pas poussé plus loin ses investigations. Cependant son raisonnement, comme on verra, s'étend à un nombre quelconque de variables.

Posons pour plus de simplicité

$$(33)\qquad \begin{cases} \varphi = (x, y, a, b, c, \ldots, t)^l, \\ \psi = (x, y, a', b', c', \ldots, t')^m, \\ \theta = (x, y, a'', b'', c'', \ldots, t'')^n, \end{cases}$$

où t, t', t'' seront les derniers termes des équations. Substituons maintenant à ce système le suivant:

$$(34)\qquad \begin{cases} \varphi = \omega, \\ \psi = 0, \\ \theta = 0, \end{cases}$$

c'est-à-dire

$$(x, y, a, b, c, \ldots, t - \omega)^l = 0,$$
$$(x, y, a', b', c', \ldots\ldots, t')^m = 0,$$
$$(x, y, a'', b'', c'', \ldots\ldots, t'')^n = 0.$$

Si la première résultante était de la forme

$$R = F(a, b, c, \ldots. t, \quad a', b', c', \ldots. t', \quad a'', b'', c'', \ldots, t''),$$

la nouvelle R' aurait celle-ci :

$$R' = F(a, b, c, \ldots, t - \omega, \quad a', b', c', \ldots, t', \quad a'', b'', c'', \ldots, t''),$$

ou, par le théorème de Taylor,

$$R' = R - \frac{dR}{dt}\omega + \frac{1}{1.2}\frac{d^2R}{dt^2}\omega^2 - + \ldots.$$

Par conséquent, pour chaque racine ω de l'équation

$$(35)\qquad 0 = R - \frac{dR}{dt}\omega + \frac{1}{1.2}\frac{d^2R}{dt^2}\omega^2 - + \ldots,$$

le système des équations (34) admettra une solution. Si donc p fonctions parmi les suivantes :

$$R, \frac{dR}{dt}, \frac{d^2R}{dt^2}, \ldots, \frac{d^pR}{dt^p}, \frac{d^{p+1}R}{dt^{p+1}}, \ldots,$$

s'évanouissent, l'équation (35) aura p solutions $\omega = 0$, et le système des équations (33) admettra pareillement p solutions communes.

On parviendrait à des conséquences semblables si, au lieu du système (34), on avait considéré un des deux suivants :

$$\begin{aligned} \varphi &= 0, & \varphi &= 0, \\ \psi &= \omega, & \psi &= 0, \\ \theta &= 0, & \theta &= \omega; \end{aligned}$$

on est donc conduit à ce théorème :

IIIe THÉORÈME GÉNÉRAL.

Soient $t, t', t'', \ldots, t^{(\lambda-1)}$ les derniers termes des équations (23) dans la supposition $\nu = 1$. Ces équations admettront p solutions communes, si parmi une quelconque des suites

$$\begin{array}{llll} R, & \frac{dR}{dt}, & \frac{d^2R}{dt^2}, & \frac{d^3R}{dt^3}, \ldots, \\ R, & \frac{dR}{dt'}, & \frac{d^2R}{dt'^2}, & \frac{d^3R}{dt'^3}, \ldots, \\ R, & \frac{dR}{dt''}, & \frac{d^2R}{dt''^2}, & \frac{d^3R}{dt''^3}, \ldots, \\ \ldots & \ldots & \ldots & \ldots \\ R, & \frac{dR}{dt^{(\lambda-1)}}, & \frac{d^2R}{dt^{(\lambda-1)2}}, & \frac{d^3R}{dt^{(\lambda-1)3}}, \ldots, \end{array}$$

il y a p fonctions qui s'annulent.

§ II.

Propriété de la résultante.

1. Avant d'exposer ces propriétés, nous commencerons par donner un théorème fondamental, qui jettera un grand jour dans les transformations, et servira comme de lemme à nos démonstrations.

THÉORÈME FONDAMENTAL. — *Si les fonctions proposées* (12) *ont ou n'ont pas une solution commune, elles continueront à l'avoir ou à ne pas l'avoir, quelque transformation que l'on opère sur les variables.*

Pour plus de simplicité, considérons les trois fonctions φ, ψ, θ à trois variables x, y, z, et définies au n° **2**, § I; et soient

$$(1) \qquad \left\{ \begin{aligned} x &= \varphi_1(x', y', z'), \\ y &= \psi_1(x', y', z'), \\ z &= \theta_1(x', y', z'), \end{aligned} \right.$$

trois équations homogènes à trois variables x', y', z' de degré quelconque, au moyen desquelles on transformera les proposées

$$\varphi(x, y, z),\quad \psi(x, y, z),\quad \theta(x, y, z)$$

en celles-ci :

$$\Phi(x', y', z'),\quad \Psi(x', y', z'),\quad \Theta(x', y', z').$$

Formons maintenant par la pensée un tableau de six colonnes dont les trois premières comprennent toutes les valeurs de x, y, z depuis $-\infty$ jusqu'à $+\infty$, et les trois dernières celles qu'acquièrent les fonctions φ, ψ, θ par une combinaison quelconque de valeurs attribuées à x, y, z, et choisies arbitrairement parmi celles en nombre infini contenues dans les trois colonnes précédentes. Supposons d'ailleurs qu'une seule de ces combinaisons annule à la fois les trois fonctions φ, ψ, θ. Il est évident maintenant que, quel que soit l'ordre qu'on ait suivi pour faire ces combinaisons, les trois fonctions proposées ne continueront pas moins à avoir la seule et unique solution que nous leur attribuons, et que l'ordre suivant lequel on substituera ces combinaisons de valeurs n'aura pour effet que de reculer ou d'avancer l'époque de l'apparition de cette solution. Or, lorsque nous exprimons x, y, z en fonction d'autres variables x', y', z' au moyen des équations (1) (qui de leur nature sont continues et susceptibles de prendre toutes les valeurs possibles en faisant varier x', y', z' depuis $-\infty$ jusqu'à $+\infty$), on ne fait précisément que combiner les valeurs de x, y, z d'une certaine manière, différente, si l'on veut, de celle que l'on avait d'abord adoptée; par conséquent, comme on arrive évidemment au même résultat, soit qu'on substitue les valeurs de x', y', z' dans les équations transformées Φ, Ψ, Θ, soit qu'on les substitue en passant par les équations de transformation dans φ, ψ, θ, *toutes les valeurs acquises par* φ, ψ, θ *se trouveront, quoique dans un ordre différent, dans celles acquises par* Φ, Ψ, Θ. Ainsi, si les premières valeurs fournissaient un seul système (0, 0, 0) correspondant à une solution unique (x_i, y_i, z_i), les secondes fourniront aussi un seul système (0, 0, 0) correspondant à la solution (x'_i, y'_i, z'_i) des équations (1), lorsque leurs premiers membres seront devenus respectivement x_i, y_i, z_i. Si au contraire la série des valeurs

$$(\varphi, \psi, \theta)$$

ne présente aucune combinaison

$$(0, 0, 0),$$

celle des valeurs

$$(\Phi,\ \Psi,\ \Theta)$$

n'en présentera pas non plus.

Remarque. — Le théorème énoncé est exact comme on voit. Mais lorsque les fonctions φ_1, ψ_1, θ_1 sont de degré plus élevé que l'unité, à un même système (x_i, y_i, z_i) des premiers membres des équations (1) peuvent correspondre plusieurs systèmes (x'_i, y'_i, z'_i) des seconds, dont le nombre, du reste, ne peut pas dépasser le produit des degrés des équations. Soit donc σ le nombre, et s celui des solutions communes aux équations proposées φ, ψ, θ; *le nombre des solutions communes aux équations transformées sera* σs.

2. A l'aide de ce théorème fondamental, on peut à présent démontrer le théorème général suivant :

IVe THÉORÈME GÉNÉRAL.

Si dans les équations (23) *du* § I *on substitue aux variables* $x, y, z, \ldots, v$ *d'autres variables* X, Y, Z,..., V, *liées linéairement aux premières par les équations*

$$(2)\qquad \left\{\begin{aligned} x &= a'X + b'Y + c'Z + \ldots + l'V,\\ y &= a''X + b''Y + c''Z + \ldots + l''V,\\ z &= a'''X + b'''Y + c'''Z + \ldots + l'''V,\\ &\ldots\ldots\ldots\ldots\ldots\ldots\ldots\ldots\\ v &= a^{(\lambda)}X + b^{(\lambda)}Y + c^{(\lambda)}Z + \ldots + l^{(\lambda)}V, \end{aligned}\right.$$

et que l'on appelle S *le déterminant de la substitution, c'est-à-dire si l'on pose*

$$(3)\qquad S = \begin{vmatrix} a' & b' & c' \ldots & l' \\ a'' & b'' & c'' \ldots & l'' \\ a''' & b''' & c''' \ldots & l''' \\ \ldots & \ldots & \ldots & \ldots \\ a^{(\lambda)} & b^{(\lambda)} & c^{(\lambda)} \ldots & l^{(\lambda)} \end{vmatrix},$$

la résultante R' *des équations transformées sera*

$$(4)\qquad R' = S^{abc\ldots l} R.$$

Il est évident, en effet, que si les fonctions proposées ont une solution, R et R', par suite du théorème fondamental, devront s'annuler simultanément.

D'ailleurs R' aura le même degré que R par rapport aux coefficients de

$$\varphi_a, \varphi_b, \varphi_c, \ldots, \varphi_l,$$

et elle ne pourra contenir implicitement aucune des constantes

$$(a', a'', \ldots; b', b'', \ldots; l', l'', \ldots);$$

car autrement on pourrait en disposer pour annuler R', et il s'ensuivrait alors qu'on pourrait faire naître une solution là où par hypothèse elle ne peut pas exister. Donc R' ne pourra être que de la forme

R $\times$ par un facteur dépendant de $(a', a'', \ldots; b', b'', \ldots; l', l'', \ldots)$.

Alors pour trouver quelle est cette fonction des constantes de la substitution, on supposera que les équations proposées sont linéaires, auquel cas on sait qu'elle est S, et il sera facile ensuite d'en déduire l'expression de R' pour des équations quelconques.

3. En suivant la même marche et en s'appuyant sur le théorème précédent, ainsi que sur le théorème du n° **4**, § VI, on déduira cet autre théorème :

Ve THÉORÈME GÉNÉRAL.

Si dans les équations (23) *du* § I *on substitue aux variables* $x, y, z, \ldots, v$ *des nouvelles variables* X, Y, Z,..., V, *liées aux premières par des équations quelconques homogènes*

$$(5)\qquad \begin{cases} x = \psi_a(X, Y, Z, \ldots, V), \\ y = \psi_b(X, Y, Z, \ldots, V), \\ z = \psi_c(X, Y, Z, \ldots, V), \\ \ldots\ldots\ldots\ldots\ldots \\ v = \psi_l(X, Y, Z, \ldots, V), \end{cases}$$

la résultante R' *des équations transformées sera égale à*

$$(6)\qquad \mathfrak{R}^{\iota} \cdot R^{r},$$

$\mathfrak{R}$ *étant la résultante des équations de substitution* $\psi_a, \psi_b, \ldots, \psi_l$, *et* ι, r *de certains exposants entiers à déterminer.*

Si, par exemple, les équations proposées étaient toutes de degré m, et celles de substitution de degré n, on aurait

$$(7)\qquad r = n^{\lambda-1}, \quad \iota = m^{\lambda}.$$

Mais, dans le cas général que nous considérons, il arrive quelque chose de plus. Nous avons vu, au n° 1, que si les équations (5) de substitution admettent σ solutions, les transformées des fonctions $\varphi_a, \varphi_b, \varphi_c, \ldots, \varphi_l$, en admettaient σ, lorsque celles-ci ont une solution, c'est-à-dire si $R = 0$. Si donc on appelle T le dernier terme de l'une des équations transformées

$$\Phi_a, \Phi_b, \Phi_c, \ldots, \Phi_l,$$

il y aura σ fonctions de la série

$$R', \frac{dR'}{dT}, \frac{d^2R'}{dT^2}, \frac{d^3R'}{dT^3}, \ldots,$$

qui s'évanouiront en même temps que R, et seulement quand R s'annule. Ces fonctions contiendront donc une puissance de R en facteur, et l'autre facteur pourra être composé des coefficients des équations proposées, mêlés à ceux de la substitution.

Supposons, par exemple, que dans les équations

$$ax + by = 0,$$
$$cx + dy = 0,$$

on fasse la substitution

$$x = lu^2 + muv + nv^2,$$
$$y = l'u^2 + m'uv + n'v^2.$$

Il y aura alors deux fonctions de la série qui s'évanouiront, et on aura pour un des deux systèmes

$$R' = (ad - bc)^2[ln' - l'n)^2 - (lm' - ml')(mn' - m'n)],$$
$$\frac{dR'}{dT} = (ad - bc)[mc + m'd)(lm' - l'm) - 2(cl + dl')(ln' - l'n)].$$

En général, on verra facilement que, pour des fonctions à deux variables, le nombre de ces fonctions qui reproduiront une puissance de la résultante est n, n désignant le degré commun des équations de substitution.

4. En vertu du théorème précédent, on aura celui-ci :

VIe THÉORÈME GÉNÉRAL.

Étant données des fonctions homogènes définies comme au premier théorème, la résultante des équations

$$\Phi_1 = a' \varphi_a + b' \varphi_b + c' \varphi_c + \ldots + l' \varphi_l,$$
$$\Phi_2 = a'' \varphi_a + b'' \varphi_b + c'' \varphi_c + \ldots + l'' \varphi_l,$$
$$\Phi_3 = a''' \varphi_a + b''' \varphi_b + c''' \varphi_c + \ldots + l''' \varphi_l,$$
$$\ldots\ldots\ldots\ldots\ldots\ldots\ldots\ldots$$
$$\Phi_\lambda = a^{(\lambda)} \varphi_a + b^{(\lambda)} \varphi_b + c^{(\lambda)} \varphi_c + \ldots + l^{(\lambda)} \varphi_l,$$

est égale à la résultante R *multipliée par une puissance du déterminant*

$$\begin{vmatrix} a', & b', & c', & \ldots, & l' \\ a'', & b'', & c'', & \ldots, & l'' \\ a''', & b''', & c''', & \ldots, & l''' \\ \ldots & \ldots & \ldots & \ldots & \ldots \\ a^{(\lambda)}, & b^{(\lambda)}, & c^{(\lambda)}, & \ldots, & l^{(\lambda)} \end{vmatrix}$$

indiquée par le degré de la résultante de R, *c'est-à-dire par*

$$\Pi.\left(\frac{1}{\mathrm{a}}+\frac{1}{\mathrm{b}}+\frac{1}{\mathrm{c}}+\ldots+\frac{1}{\mathrm{l}}\right).$$

5. Soit maintenant φ une fonction de λ variables x, y, z, ..., v et de degré m, qui est transformée dans une autre par la substitution

$$\begin{aligned} x &= a'\,X + b'\,Y + c'\,Z + \ldots + l'\,V, \\ y &= a''\,X + b''\,Y + c''\,Z + \ldots + l''\,V, \\ z &= a'''\,X + b'''\,Y + c'''\,Z + \ldots + l'''\,V, \\ &\ldots\ldots\ldots\ldots\ldots\ldots\ldots\ldots \\ v &= a^{(\lambda)}X + b^{(\lambda)}Y + c^{(\lambda)}Z + \ldots + l^{(\lambda)}V, \end{aligned}$$

on aura ce théorème :

VIIe THÉORÈME GÉNÉRAL.

La résultante des équations

$$\frac{d\Phi}{dX}=0,\quad \frac{d\Phi}{dY}=0,\quad \frac{d\Phi}{dZ}=0,\quad \ldots,\quad \frac{d\Phi}{dV}=0$$

est égale à celle des équations

$$\frac{d\varphi}{dx}=0,\quad \frac{d\varphi}{dy}=0,\quad \frac{d\varphi}{dz}=0,\quad \ldots,\quad \frac{d\varphi}{dv}=0$$

multipliée par une puissance du déterminant de la substitution indiquée par le nombre $\lambda(m-1)^{m-2}$.

Cette résultante sera une fonction dépendante uniquement des coefficients de l'équation proposée. Ainsi, pour *toute fonction d'un nombre quelconque de variables et de degré quelconque, il existe une fonction de ses coefficients qui a la propriété de se reproduire à un facteur près indépendant de ces coefficients.*

6. Le théorème du n° 5 peut faciliter beaucoup la recherche de la résultante. Prenons, en effet, pour plus de simplicité, les trois fonctions φ, ψ, θ, déjà contemplées au § I,

$$\varphi = \sum a_{p,q,r}\, x^p y^q z^r,$$

$$\psi = \sum b_{p,q,r}\, x^p y^q z^r,$$

$$\theta = \sum c_{p,q,r}\, x^p y^q z^r,$$

et supposons-les toutes de degré m. En vertu du Ier théorème général, la résultante sera de degré $3m^2$ et de poids $3m^3$ par rapport à l'ensemble des coefficients. Considérons maintenant un déterminant quelconque formé par trois colonnes de coefficients, choisies arbitrairement parmi celles que présentent les coefficients des équations φ, ψ, θ, rangées terme à terme l'une sous l'autre, tel que

$$\begin{vmatrix} a_{p,q,r}, & a_{p',q',r'}, & a_{p'',q'',r''} \\ b_{p,q,r}, & b_{p',q',r'}, & b_{p'',q'',r''} \\ c_{p,q,r}, & c_{p',q''r'}, & c_{p'',q'',r''} \end{vmatrix}$$

On pourra former autant de ces déterminants qu'il y a de combinaisons possibles trois à trois de $\frac{m(m+1)(m+2)}{1.2.3}$ quantités.

Parmi ces déterminants choisissons-en à volonté m^2, et multiplions-les ensemble, de sorte cependant que le produit soit de poids m^3 par rapport à chaque indice p, q, r. La somme de tous ces produits sera évidemment une fonction qui satisfera au premier théorème; mais d'ailleurs elle satisfera encore au sixième, car le déterminant correspondant fourni par les fonctions transformées Φ, Ψ, Θ serait

$$\begin{vmatrix} a' a_{p,q,r} + b' b_{p,q,r} + c' c_{p,q,r}, & a' a_{p',q',r'} + b' b_{p',q',r'} + c' c_{p',q',r'}, & a' a_{p'',q'',r''} + b' b_{p'',q'',r''} + c' c_{p'',q'',r''}, \\ a'' a_{p,q,r} + b'' b_{p,q,r} + c'' c_{p,q,r}, & a'' a_{p',q',r'} + b'' b_{p',q',r'} + c'' c_{p',q',r'}, & a'' a_{p'',q'',r''} + b'' b_{p'',q'',r''} + c'' c_{p'',q'',r''}, \\ a''' a_{p,q,r} + b''' b_{p,q,r} + c''' c_{p,q,r}, & a''' a_{p',q',r'} + b''' b_{p',q',r'} + c''' c_{p',q',r'}, & a''' a_{p'',q'',r''} + b''' b_{p'',q'',r''} + c''' c_{p'',q'',r''}, \end{vmatrix}$$

égal, comme on sait, au produit des deux déterminants

$$\begin{vmatrix} a' & b' & c' \\ a'' & b'' & c'' \\ a''' & b''' & c''' \end{vmatrix} \qquad \begin{vmatrix} a_{p,q,r}, & a_{p',q',r'}, & a_{p'',q'',r''}, \\ b_{p,q,r}, & b_{p',q',r'}, & b_{p'',q'',r''}, \\ c_{p,q,r}, & c_{p',q',r'}, & c_{p'',q'',r''}. \end{vmatrix}$$

Ainsi tous les produits formés de la sorte se reproduiront multipliés par la puissance m^2 du déterminant

$$\begin{vmatrix} a' & b' & c' \\ a'' & b'' & c'' \\ a''' & b''' & c''' \end{vmatrix}$$

comme cela doit être. La résultante aura donc bien la forme *d'une fonction linéaire des produits que l'on peut faire avec les déterminants fournis par trois colonnes quelconques de coefficients pris m^2 à m^2 et de poids m^3 par rapport à chacun de leurs indices.* Comme il est aisé de voir, cela a lieu en général. Nous sommes donc conduits à la méthode abrégée suivante pour former la résultante entre un nombre quelconque l d'équations $\varphi_1, \varphi_2, \ldots, \varphi_l$ de degré n : *Formez tous les déterminants que l'on peut obtenir en combinant l à l les coefficients correspondants des équations données. Choisissez parmi eux n^{l-1} déterminants, dont le produit soit isobarique et de poids n^l par rapport aux indices relatifs à une seule variable. La somme de tous ces produits multipliés chacun par une constante convenable, qu'on déterminera au moyen des équations aux dérivées partielles* (32), *sera la résultante cherchée.*

L'exemple suivant confirmera ce que nous venons de dire. Soient les trois équations

$$\begin{aligned} \varphi &= a\,x^2 + b\,y^2 + c\,z^2 + d\,yz + e\,xz + f\,xy, \\ \psi &= a'\,x^2 + b'\,y^2 + c'\,z^2 + d'\,yz + e'\,xz + f'\,xy, \\ \theta &= a''\,x^2 + b''\,y^2 + c''\,z^2 + d''\,yz + e''\,xz + f''\,xy, \end{aligned}$$

qui, d'après nos notations, seraient ainsi écrites :

$$\begin{aligned} \varphi &= a_{200}\,x^2 + a_{020}\,y^2 + a_{002}\,z^2 + a_{011}\,yz + a_{101}\,xz + a_{110}\,xy, \\ \psi &= b_{200}\,x^2 + b_{020}\,y^2 + b_{002}\,z^2 + b_{011}\,yz + b_{101}\,xz + b_{110}\,xy, \\ \theta &= c_{200}\,x^2 + c_{020}\,y^2 + c_{002}\,z^2 + c_{011}\,yz + c_{101}\,xz + c_{110}\,xy. \end{aligned}$$

Désignons simplement un déterminant quelconque

$$\begin{vmatrix} b & d & f \\ b' & d' & f' \\ b'' & d'' & f'' \end{vmatrix}$$

par le symbole (bdf). On aura, d'après Bezout, en changeant pourtant ses notations,

$$\begin{aligned}
R = &\{(aed)[(adf)+(abe)\}-(aef)[(def)-(abc)]-(acf)(adf)\}\{(bdf)(cdc)+(bcf)(bce)\} \\
&+\{(abf)[(acf)-(ade)]+(abe)^2-(aef)(bef)\}\{(cef)(bcd)-(bce)^2-(bde)(cde)\} \\
&-\{(abd)[(ade)-(acf)]+(abe)(abc)-(aef)(cdf)\}\{(abd)(cde)-(abc)^2(cde)\} \\
&+\{(ace)[(adf)+(abe)]-(aef)(cef)-(acf)^2\}\{(bcf)(bcd)+(acd)(bcf)-abd)(cdf)\} \\
&-\{(abd)(ace)-(acf)(abc)-(aef)(bce)\}\{(abe)(bcd)+(abc)(bcf)-(abd)(cdf)\} \\
&+\{(abd)(acd)-(abc)^2-(aef)(bcd)\}\{(abc)^2-(abd)(acd)\} \\
&+\{(abf)(acd)+(aef)(abc)-(acf)(bcf)\}\{(acf)(bcd)+(bde)(acd)-(abc)(bce)\} \\
&+\{(abf)(bcd)[(acf)(acd)-(acf)(cde)-(abc)(ace)]\} \\
&-\{(abf)(bcd)[(abf)(abc)+(abe)(abd)-(acf)(bdf)]\}.
\end{aligned}$$

Prenons maintenant un terme quelconque, par exemple celui-ci :

$$(abf)\,(ade)\,(cef)\,(bcd),$$

qui se trouve dans la troisième ligne. Suivant nos notations, ce produit serait

$$(a_{200}, a_{020}, a_{110})\,(a_{200}, a_{011}, a_{101})\,(a_{002}, a_{101}, a_{110})\,(a_{020}, a_{002}, a_{011}),$$

et l'on voit bien que les sommes des premiers, seconds et troisièmes indices

$$2+1+2+1+1+1=8, \quad 2+1+1+1+2+1=8, \quad 1+1+2+1+2+1=8,$$

sont constantes et égales à $8=2^3$, comme cela doit être.

Ainsi la forme de cette résultante, dont le calcul a dû coûter à Bezout de très-longs efforts, aurait pu être écrite immédiatement; et en multipliant chaque produit par un coefficient indéterminé, les équations aux dérivées partielles du deuxième théorème général auraient fait connaître les coefficients numériques.

7. Supposons encore que les équations φ, ψ, θ de degré commun m soient décomposables en m facteurs linéaires de la forme

$$\begin{aligned}
\varphi &= (\alpha_1 x+\beta_1 x+\gamma_1 z)(x_2 x+\beta_2 y+\gamma_2 z)(\alpha_3 x+\beta_3 y+\gamma_3 z)\ldots(\alpha_m x+\beta_m y+\gamma_m z), \\
\psi &= (\alpha'_1 x+\beta'_1 x+\gamma'_1 z)(\alpha'_2 x+\beta'_2 y+\gamma'_2 z)(\alpha'_3 x+\beta'_3 y+\gamma'_3 z)\ldots(\alpha'_m x+\beta'_m y+\gamma'_m z), \\
\theta &= (\alpha''_1 x+\beta''_1 x+\gamma''_1 z)(\alpha''_2 x+\beta''_2 y+\gamma''_2 z)(\alpha''_3 x+\beta''_3 y+\gamma''_3 z)\ldots(\alpha''_m x+\beta''_m y+\gamma''_m z),
\end{aligned}$$

et désignons par Π la caractéristique d'un produit : *alors on aura*

$$R = \Pi \left\{ \begin{vmatrix} \alpha_i & \beta_i & \gamma_i \\ \alpha'_j & \beta'_j & \gamma'_j \\ \alpha''_l & \beta''_l & \gamma''_l \end{vmatrix} \right\},$$

le signe Π *s'étendant à toutes les combinaisons que l'on peut faire avec trois nombres choisis arbitrairement parmi ceux de la suite*

$$1, 2, 3, \ldots (m-1), m.$$

Cette propriété a lieu évidemment en général. On voit dans ce cas comment les théorèmes généraux IV et V se vérifient. Ce qui est extrêmement remarquable, c'est qu'on peut (*) toujours s'arranger de manière à ce que la résultante soit le produit d'un certain nombre de déterminants.

Soient, en effet,

$$x = x_1, \quad y = y_1, \quad z = z_1$$

la solution commune aux trois équations proposées; la fonction linéaire

$$\varpi = y_1 z_1 x + x_1 z_1 y - 2 x_1 y_1 z \text{ (**)}$$

aura la propriété de s'évanouir en même temps que les équations ψ, φ et θ. Par conséquent, les équations

$$\Phi = \varphi + \varpi^l P_0 + \varpi^{l-1} P_1 + \varpi^{l-2} P_2 + \varpi^{l-3} P_3 + \ldots + \varpi P_{l-1} = 0,$$
$$\Psi = \psi + \varpi^m Q_0 + \varpi^{m-1} Q_1 + \varpi^{m-2} Q_2 + \varpi^{m-3} Q_3 + \ldots + \varpi Q_{m-1} = 0,$$
$$\Theta = \theta + \varpi^n R_0 + \varpi^{n-1} R_1 + \varpi^{n-2} R_2 + \varpi^{n-3} R_3 + \ldots + \varpi R_{n-1} = 0,$$

(*) Nous croyons devoir aller ici au-devant d'une objection qu'on pourait faire. Les équations de condition, malgré la surabondance des coefficients indéterminés, pourraient dans quelques cas devenir impossibles; mais en mettant à part ces cas, la propriété reste.

(**) Au premier abord, on aurait songé au produit $(x - x_1)(y - y_1)(z - z_1)$, qui jouit de la même propriété; mais il a l'inconvénient de n'être pas une fonction linéaire et d'augmenter par là le degré de Φ, Ψ, Θ. Dans notre cas général, cette fonction serait

$$x_1 y_1 z_1 \ldots v_1 \left[\frac{x}{x_1} + \frac{y}{y_1} + \frac{z}{z_1} \cdots - (\lambda - 1) \frac{v}{v_1} \right].$$

Peut-être ces fonctions joueront-elles un jour pour les fonctions à plusieurs variables le rôle que le binôme $x_1 y_1 \left(\frac{x}{x_1} - \frac{y}{y_1} \right)$ joue actuellement pour les équations ordinaires.

où P_i, Q_i, R_i désignent des polynômes homogènes à coefficients indéterminés de degré i, jouiront aussi de la même propriété, et leur résultante R′ s'évanouira avec celle de φ, ψ, θ. Par conséquent, si la solution (x_1, y_1, z_1) était connue, R′ ferait connaître tout aussi bien que R la condition qui doit exister entre les coefficients pour qu'elle soit possible. Or on peut disposer des coefficients de $P_0 P_1 \ldots P_{l-1}$, $Q_0 Q_1 \ldots Q_{m-1}$, $R_0 R_1 \ldots R_{n-1}$ (qui sont en nombre suffisant), pour décomposer les fonctions Φ, Ψ, Θ en facteurs. Par conséquent R′ pourra, comme précédemment, se mettre sous la forme d'un produit.

Considérons en particulier les équations de second degré à trois variables du numéro précédent. On verra que l'une quelconque de ces équations, par exemple la première, mise sous la forme

$$\Phi = ax^2 + by^2 + cz^2 + dyz + exz + fxy + \lambda(y_1 z_1 x + x_1 z_1 y - 2 x_1 y_1 z)^2,$$

est décomposable en deux facteurs ainsi qu'il suit :

$$\Phi = \mu(x + \alpha x + \beta z)(x + \gamma y + \delta z),$$

où α, β, γ, δ seront déterminées par des équations de second degré et λ par une de troisième.

8. Voici enfin un théorème important dû à M. Hesse.

VIIIe THÉORÈME GÉNÉRAL.

Etant données λ équations homogènes entre λ variables x, y, z, ..., v définies comme au Ier théorème général, le déterminant

$$\begin{vmatrix} D_x\varphi_a, & D_y\varphi_a, & D_z\varphi_a, & \ldots, & D_v\varphi_a, \\ D_x\varphi_b, & D_y\varphi_b, & D_z\varphi_b, & \ldots, & D_v\varphi_b, \\ D_x\varphi_c, & D_y\varphi_c, & D_z\varphi_c, & \ldots, & D_v\varphi_c, \\ \ldots & \ldots & \ldots & \ldots & \ldots \\ D_x\varphi_l, & D_y\varphi_l, & D_z\varphi_l, & \ldots, & D_v\varphi_l, \end{vmatrix}$$

ainsi que ses dérivées par rapport aux diverses variables x, y, z, ..., v s'évanouiront en même temps que les équations proposées pour les valeurs des variables, qui leur satisfont simultanément.

Ce théorème, facile à démontrer, donne lieu à plusieurs applications. Il fournit, par exemple, le moyen de trouver immédiatement la résultante des équations déjà considérées :

$$\begin{aligned}
\varphi &= ax^2 + by^2 + cz^2 + dyz + exz + fxy,\\
\psi &= a'x^2 + b'y^2 + c'z^2 + d'yz + e'xz + f'xy,\\
\theta &= a''x^2 + b''y^2 + c''z^2 + d''yz + e''xz + f''xy;
\end{aligned}$$

car, dans ce cas, les dérivées du déterminant ci-dessus sont de même degré que les proposées, et sont, par conséquent, de la forme

$$\begin{aligned}
\varphi_1 &= Ax^2 + By^2 + Cz^2 + Dyz + Exz + Fy,\\
\psi_1 &= A'x^2 + B'y^2 + C'z^2 + D'yz + E'xz + F''xy,\\
\theta_1 &= A''x^2 + B''y^2 + C''z^2 + D''yz + E''xz + F''xy.
\end{aligned}$$

Alors, en considérant $x^2, y^2, z^2, yz, xz, xy$ comme des inconnues, on a

$$R = \begin{vmatrix} a & b & c & d & e & f \\ a' & b' & c' & d' & e' & f' \\ a'' & b'' & c'' & d'' & e'' & f'' \\ A & B & C & D & E & F \\ A' & B' & C' & D' & E' & F' \\ A'' & B'' & C'' & D'' & E'' & F'' \end{vmatrix}$$

et, par un principe connu de la théorie des déterminants, on tirera ce résultat remarquable :

$$\begin{aligned}
R = {} & \begin{vmatrix} (abc) & (abd) & (abe) & (abf) \\ C & D & E & F \\ C' & D' & E' & F' \\ C'' & D'' & E'' & F'' \end{vmatrix}
- \begin{vmatrix} 0 & (acd) & (ace) & (acf) \\ B & D & E & F \\ B' & D' & E' & F' \\ B'' & D'' & E'' & F'' \end{vmatrix}\\
& + \begin{vmatrix} 0 & (bcd) & (bce) & (bcf) \\ A & D & E & F \\ A' & D' & E' & F' \\ A'' & D'' & E'' & F'' \end{vmatrix}
+ \begin{vmatrix} (aef) & (bef) & (cef) & (def) \\ A & B & C & D \\ A' & B' & C' & D' \\ A'' & B'' & C'' & D'' \end{vmatrix}\\
& - \begin{vmatrix} (adf) & (bdf) & (cdf) & 0 \\ A & B & C & E \\ A' & B' & C' & E' \\ A'' & B'' & C'' & E'' \end{vmatrix}
+ \begin{vmatrix} (ade) & (bde) & (cde) & 0 \\ A & B & C & F \\ A' & B' & C' & F' \\ A'' & B'' & C'' & F'' \end{vmatrix}
\end{aligned}$$

par lequel la résultante des équations proposées est mise sous la forme de six déterminants quaternaires, dont chaque élément est de troisième ordre par rapport aux coefficients.

Notons d'ailleurs qu'on trouve facilement

$$\begin{array}{lll}
A = -3(aef), & A' = (abe) - (adf), & A'' = (ade) - (acf), \\
B = (abd) - (bef), & B' = 3(bdf), & B'' = (bde) + (bcf), \\
C = -(acd) + (cef), & C' = (cdf) + (bce), & C'' = -3(cde), \\
D = abc + 2(def), & D' = 2[(bcf)+(bde)], & D'' = 2[(bce) + (cdf)], \\
E = 2[-(acf)+(ade)], & E' = (abc) + 2(def), & E'' = 2[(cef) - (acd)], \\
F = 2[-(adf)+(abe)], & F' = 2[(abd)+(bef)], & F'' = +(abc) + 2(def).
\end{array}$$

Par ces relations, on voit que

$$E = 2A'', \quad D' = 2B'', \quad D'' = 2C', \quad D = E' = F'',$$
$$F = 2A', \quad F' = 2B, \quad E'' = 2C.$$

Ainsi, l'expression de la résultante R aurait encore pu se mettre sous cette forme plus simple :

$$R = \begin{vmatrix}
a & b & c & d & e & f \\
a' & b' & c' & d' & e' & f' \\
a'' & b'' & c'' & d'' & e'' & f'' \\
A & B & C & D & 2A'' & 2A' \\
A' & B' & C' & 2B' & D & 2B \\
A'' & B'' & C'' & 2C' & 2C & D
\end{vmatrix}$$

D'ailleurs il est aisé de vérifier que les conditions d'équipollence sont satisfaites; car sous ce rapport il suffit de remarquer que l'on a le tableau suivant :

$$\begin{array}{lll}
A = (4, 1, 1), & A' = (3, 2, 1), & A'' = (3, 1, 2), \\
B = (2, 3, 1), & B' = (1, 4, 1), & B'' = (1, 3, 2), \\
C = (2, 1, 3), & C' = (1, 2, 3), & C'' = (1, 1, 4), \\
 & D = (2, 2, 2), &
\end{array}$$

où, par exemple, l'égalité symbolique $B'' = (1, 3, 2)$ ne veut dire autre chose, si ce n'est que B'' est de poids 1, 3, 2 par rapport aux variables x, y, z respectivement.

Nous arrêterons ici nos recherches sur l'élimination, que nous aurions pu développer plus amplement si nous étions sorti hors du domaine de nos efforts particuliers, Mais, en restant même dans ces limites, nous espérons que ces quelques pages auront éclairci et étendu davantage le cercle de nos connaissances sur cette partie importante de l'analyse.

NOTE AU § IV. — PREMIÈRE PARTIE.

Soient, par exemple, les équations

$$x + y + z = 0, \quad x^4 = a, \quad y^4 = b, \quad z^4 = c.$$

Je trouve, à l'aide de cette méthode, que leur résultante peut se mettre sous la forme d'un déterminant, ainsi qu'il suit :

R =

y^2z	yz^2	x^2z	xz^2	x^2y	xy^2	x^3	y^3	z^3	x^3y^3z	x^3z^3y	y^3z^3x	$x^3y^2z^2$	$y^3x^2z^2$	$z^3x^2y^2$	xyz
.	.	.	.	1	1	.	.	.	.	.	.	.	.	.	1
1	1	1	.	.	.	.	.	.	.	.	.	.	.	.	1
.	.	1	1	.	.	.	.	.	.	.	.	.	.	.	1
.	.	1	.	1	.	1	.	.	.	.	.	.	.	.	.
1	.	.	.	.	1	.	1	.	.	.	.	.	.	.	.
.	1	.	1	.	.	.	1	1	.	.	.	.	.	.	.
.	.	.	.	.	.	.	.	.	.	.	.	1	1	1	.
.	.	.	.	.	.	b	a	.	1	.	.	.	.	.	.
.	.	.	.	.	.	c	.	a	.	1	.	.	.	.	.
.	.	.	.	.	.	.	c	b	.	.	1	.	.	.	.
a	.	.	.	.	.	.	.	.	1	.	.	1	.	.	.
.	a	.	.	.	.	.	.	.	.	1	.	1	.	.	.
.	.	b	.	.	.	.	.	.	.	1	.	.	1	.	.
.	.	.	b	.	.	.	.	.	.	.	1	.	1	.	.
.	.	.	.	c	.	.	.	.	.	1	1	.	.	.	.
.	.	.	.	.	c	.	.	.	.	.	1	.	.	1	.

en sous-entendant que les places vides soient comblées par des zéros. Les produits marqués dessus servent à vérifier la provenance des éléments du déterminant.

Vu et approuvé,
Le 10 juillet 1856.
LE DOYEN DE LA FACULTÉ DES SCIENCES,
MILNE EDWARDS.

Permis d'imprimer,
Le 10 juillet 1856,
LE VICE-RECTEUR DE L'ACADÉMIE DE PARIS,
CAYX.

THÈSE D'ASTRONOMIE.

INTRODUCTION.

Le mouvement d'une planète autour du Soleil, abstraction faite de l'action des autres corps, s'effectue, comme l'on sait, le long d'une ellipse, dont le Soleil occupe un des foyers. Les positions du plan de l'orbite et de son périgée étant données, celle de la planète se détermine au moyen du rayon vecteur et de l'anomalie vraie ou excentrique, trois quantités variables avec le temps, qui constituent ce que l'on appelle les *coordonnées de la planète*. Mais les relations qui ont lieu entre ces coordonnées et le temps, la seule variable qu'en définitive on ait à considérer dans les problèmes astronomiques, ne sont pas fournies immédiatement par des fonctions explicites du temps. Celles-ci sont postérieurement déduites, sous forme de séries trigonométriques, des équations implicites que les conditions du problème font de prime abord connaître.

Depuis longtemps les premiers termes de ces séries sont connus, et des méthodes plus ou moins longues, plus ou moins difficiles, ont été données par les astronomes pour en calculer numériquement un terme quelconque. Une fois en possession des termes les plus influents pour les applications qui auraient pu se présenter, on ne s'est plus inquiété de l'achèvement analytique de la question, à savoir, de fournir l'expression la plus simple du terme général de toutes ces séries. Il arrive cependant, et assez souvent, qu'une analyse complète conduit à des résultats beaucoup plus élégants et plus avantageux même pour la pratique qu'une analyse approchée. Ainsi on verra par le travail que j'ose présenter ici, qu'une seule table des valeurs d'une certaine transcendante suffit pour calculer toutes les séries à l'aide desquelles on voudrait exprimer les coordonnées d'une planète ou des fonctions de ces coordonnées en fonction du temps. Il est à croire que si cette proposition avait été plus tôt connue, des peines immenses de calcul auraient été épargnées. Mais il y a plus : eu égard à la simplicité de ces séries, il est naturel d'en profiter pour faciliter le développement de la fonction perturbatrice ; et en effet, en ayant recours à diverses méthodes, on arrive de la sorte bien aisément à l'expression du terme général de la fonction perturbatrice (tant de sa partie principale que de l'autre) developpée suivant les puissances ascendantes et descendantes des exponentielles, ayant pour argument les anomalies moyennes des deux planètes.

Si pourtant la marche que j'ai suivie peut paraître la plus rapide et la plus sûre au point de vue de l'analyse, je n'ose pas affirmer qu'elle soit généralement la plus convenable sous le rapport de la pratique. Des recherches ultérieures éclairciront ce sujet. En attendant, je donnerai comme appendice la belle méthode de M. Cauchy, par laquelle, sans connaître l'expression analytique du terme général, on peut toujours en calculer la valeur numérique avec une approximation fixée d'avance. En cela je n'ai d'autre but que de profiter de cette publication pour offrir sous un seul point de vue, et sauf quelques considérations et extensions particulières, les diverses recherches délicates et profondes que l'illustre géomètre a parsemées dans les *Comptes rendus*, dans la pensée, j'espère, de mieux les faire connaître et apprécier pour le plus grand avantage de la science.

§ I.

Développement des coordonnées d'une planète dans son mouvement elliptique.

La courbe décrite par un point mobile m, attiré vers un point fixe M en raison inverse des carrés des distances, est une section conique, dont M occupe un des foyers. En appelant alors

a le demi grand axe de l'orbite ;
r le rayon vecteur ;
ε l'excentricité de l'orbite ;
v l'anomalie vraie ;
u l'anomalie excentrique ;
T l'anomalie moyenne ;

les équations qui détermineront le mouvement de m autour de M seront

$$(1)\qquad u - \varepsilon \sin u = \mathrm{T}.$$

$$(2)\qquad r = a(1 - \varepsilon \cos u),$$

$$(3)\qquad r \cos v = a(\cos u - \varepsilon),$$

$$(4)\qquad r \sin v = a \sin u \sqrt{1 - \varepsilon^2},$$

$$(5)\qquad \operatorname{tang} \frac{1}{2} v = \sqrt{\frac{1+\varepsilon}{1-\varepsilon}} \operatorname{tang} \frac{1}{2} u,$$

dont les deux premières, combinées avec l'une des trois autres, suffiront pour déterminer u, r, v en fonction de T.

Remarquons en passant qu'à l'aide de la série de Lagrange, la première équation (1) donne aisément u en fonction de l'anomalie moyenne. Mais dans l'application de cette série on est conduit à calculer les dérivées d'un certain ordre d'une puissance de fonction, et il était à désirer qu'on pût les trouver directement sans passer par toutes les dérivées d'ordres inférieurs. Il se présente alors en général cette question :

Étant donnée une fonction quelconque φ de la variable x, liée à une autre y par l'équation

$$x = \psi(y),$$

trouver la dérivée $n^{\text{ième}}$ d'un ordre quelconque de la fonction φ exprimée en fonction de la nouvelle variable y.

J'ai trouvé à ce sujet la formule suivante :

$$(6)\quad \mathrm{D}_y^n \varphi = \sum \frac{\pi(n)}{\pi i\, \pi j\, \pi h \ldots \pi k} [\mathrm{D}_x^p \varphi] \left(\frac{\psi'}{1}\right)^i \left(\frac{\psi''}{1.2}\right)^j \left(\frac{\psi'''}{1.2.3}\right)^h \cdots \left(\frac{\psi^{(l)}}{1.2.3\ldots l}\right)^k (*),$$

(*) Il est assez remarquable que cette formule peut aussi se mettre sous la forme de déterminant. Je trouve en effet

$$(-1)^n \mathrm{D}_y^{n+1}.\varphi = \begin{vmatrix} \psi'.\varphi & -1 & 0 \ldots\ldots\ldots & 0 & 0 & 0 \\ \psi''.\varphi & \psi'.\varphi & -1 \ldots\ldots\ldots & 0 & 0 & 0 \\ \psi'''.\varphi & 2\psi''.\varphi & \psi'.\varphi \ldots\ldots & 0 & 0 & 0 \\ \ldots & \ldots & \ldots & \ldots & \ldots & \ldots \\ \psi^{(n-1)}.\varphi & (n-2)\psi^{(n-2)}.\varphi & \frac{(n-2)(n-3)}{1.2}\psi^{(n-3)}.\varphi \ldots & \psi'.\varphi & -1 & 0 \\ \psi^{(n)}.\varphi & (n-1)\psi^{(n-1)}.\varphi & \frac{(n-1)(n-2)}{1.2}\psi^{(n-2)}.\varphi \ldots & (n-1)\psi''.\varphi & \psi'.\varphi & -1 \\ \psi^{(n+1)}.\varphi & n\psi^{(n)}.\varphi & \frac{n(n-1)}{1.2}\psi^{(n-1)}.\varphi \ldots\ldots & \frac{n(n-1)}{1.2}\psi'''.\varphi & n\psi''.\varphi & \psi'.\varphi \end{vmatrix}$$

où le signe $\sum$ s'étend à toutes les valeurs entières et positives de $p, i, j, h \ldots l$, qui vérifient les équations

$$p = i + j + h + \ldots + k, \tag{7}$$

$$n = i + 2j + 3h + \ldots + lk, \tag{8}$$

πl désignant, en général, le produit $1.2.3 \ldots l$.

Lorsque, comme dans la série de Lagrange, on a

$$\varphi(x) = x^m, \tag{9}$$

la formule précédente devient sous les mêmes conditions

$$\frac{D^n (\psi y)^m}{1.2.3 \ldots n} = \sum \frac{m(m-1)\ldots(m-p+1)}{\pi i \, \pi j \, \pi h \ldots} \psi^{m-p} \left(\frac{\psi'}{1}\right)^i \left(\frac{\psi''}{1.2}\right)^j \left(\frac{\psi'''}{1.2.3}\right)^h. \tag{10}$$

Dans le cas que nous considérons, c'est-à-dire dans le développement de u en fonction de T, l'expression de u est fournie par une série procédant suivant les puissances ascendantes de l'excentricité, et le coefficient de ε^n, en général, serait

$$\frac{D^{(n-1)} . \sin^n T}{1.2.3 \ldots n} = \frac{1}{n} \sum \frac{n(n-1)\ldots(n-p+1)}{\pi i \, \pi j \, \pi h \ldots} \sin^{n-p} T \left(\frac{\cos T}{1}\right)^i \left(\frac{-\sin T}{1.2}\right)^j \left(\frac{-\cos T}{1.2.3}\right)^h \ldots \tag{11}$$

sous les conditions

$$p = i + j + h + \ldots, \quad n - 1 = i + 2j + 3h + \ldots. \tag{12}$$

On aura de cette façon

$$u = T + \varepsilon \sin T + \varepsilon^2 \sin T \cos T + \varepsilon^3 \left(\sin T \cos^2 T - \frac{\sin^3 T}{1.2}\right) + \ldots. \tag{13}$$

---

pourvu qu'au bout des calculs on change les exposants de φ en indices de différentiation.

La formule ci-dessus sera désormais d'un emploi fréquent et utile. Par elle on trouve immédiatement la formule de Waring (page 5) et quelques formules particulières données par Laplace et autres. Ainsi on a

$$D^n (e^x + a)^\mu = (e^x + a)^\mu \sum \frac{\mu(\mu-1)\ldots(\mu-p+1)}{\pi i . \pi j \, \pi h \ldots} \left(\frac{e^x}{e^x + a}\right)^p \left(\frac{1}{1.2}\right)^j \left(\frac{1}{1.2.3}\right)^h \ldots$$

$$\frac{D^n f(e^x)}{1.2.3.n} = \sum \frac{f^{(p)}(e^x)}{\pi i \, \pi j \, \pi h \ldots} e^{px} \left(\frac{1}{1.2}\right)^j \left(\frac{1}{1.2.3}\right)^h \ldots$$

Pour démontrer celle de Waring, il suffit de remarquer que s_n est le coefficient de $\frac{1}{x^{n+1}}$ dans le développement de $-\frac{1}{x^2} \frac{a_1 + 2\frac{a_2}{x} + 3\frac{a_3}{x^2} + \ldots}{a_0 + \frac{a_1}{x} + \frac{a_2}{x^2} + \ldots}$, et par conséquent égal, en posant $\frac{1}{x} = y$, à $-\frac{D^n \log(a_0 + a_1 y + a_2 y^2 + \ldots)}{1.2.3 \ldots n-1}$.

Cette série que nous présentons n'est pas celle en usage, mais elle a simplement pour but de faire voir l'utilité de la formule (6).

Voici maintenant les formules connues par lesquelles u, r et v sont exprimées en fonction de l'anomalie moyenne. On a

$$(14)\quad \left\{\begin{aligned} u = \mathrm{T} &+ \varepsilon \sin \mathrm{T} + \frac{\varepsilon^2}{1.2.2} 2 \sin 2\mathrm{T} + \frac{\varepsilon^3}{1.2.3.2^2}(3^2 \sin 3\mathrm{T} - 3 \sin \mathrm{T}) \\ &+ \frac{\varepsilon^4}{1.2.3.4.2^3}(4^3 \sin 4\mathrm{T} - 4.2^3 \sin 2\mathrm{T}) \\ &+ \frac{\varepsilon^5}{1.2.3.4.5.2^4}\left(5^4 \sin 5\mathrm{T} - 5.3^4 \sin 3\mathrm{T} + \frac{5.4}{1.2} \sin \mathrm{T}\right) + \ldots, \end{aligned}\right.$$

$$(15)\quad \left\{\begin{aligned} \frac{r}{a} = 1 &+ \frac{\varepsilon^2}{2} - \varepsilon \cos \mathrm{T} - \frac{\varepsilon^2}{1.2} \cos 2\mathrm{T} - \frac{\varepsilon^3}{1.2.2^2}(3 \cos 3\mathrm{T} - 3 \cos \mathrm{T}) \\ &- \frac{\varepsilon^4}{1.2.3.2^3}(4^2 \cos 4\mathrm{T} - 4.2^2 \cos 2\mathrm{T}) - \frac{\varepsilon^5}{1.2.3.4.2^4}\left(5^3 \cos 5\mathrm{T} - 5.3^3 \cos 3\mathrm{T} + \frac{5.4}{1.2} \cos \mathrm{T}\right) \\ &- \frac{\varepsilon^6}{1.2.3.4.5.2^5}\left(6^4 \cos 6\mathrm{T} - 6.4^4 \cos 4\mathrm{T} + \frac{6.5}{1.2} \cos 2\mathrm{T}\right) - \ldots \\ &- \frac{\varepsilon^p}{1.2.3\ldots(p-1).2^{p-1}}\left[\begin{aligned} &p^{p-2} \cos p\mathrm{T} - p(p-2)p^{-2} \cos (p-2)\mathrm{T} + \frac{p(p-1)}{1.2}(p-4)^{p-2} \cos(p-4)\mathrm{T} \\ &- \frac{p(p-1)(p-2)}{1.2.3}(p-6)^{p-2} \cos(p-6)\mathrm{T} + \ldots \end{aligned}\right] \\ &- \ldots. \end{aligned}\right.$$

$$(16)\quad \left\{\begin{aligned} v = \mathrm{T} &+ \left(2\varepsilon - \frac{\varepsilon^3}{4} + \frac{5}{96}\varepsilon^5\right) \sin \mathrm{T} + \left(\frac{5}{4}\varepsilon^2 - \frac{11}{24}\varepsilon^4 + \frac{17}{192}\varepsilon^6\right) \sin 2\mathrm{T} \\ &+ \left(\frac{13}{12}\varepsilon^3 - \frac{43}{64}\varepsilon^5\right) \sin 3\mathrm{T} + \left(\frac{103}{96}\varepsilon^4 - \frac{451}{480}\varepsilon^6\right) \sin 4\mathrm{T} \\ &+ \frac{1097}{960}\varepsilon^5 \sin 5\mathrm{T} + \frac{1223}{960}\varepsilon^6 \sin 6\mathrm{T} + \ldots, \end{aligned}\right.$$

en négligeant les termes d'ordre supérieur au 6ième par rapport à l'excentricité.

Ces séries, telles qu'elles sont connues jusqu'à présent, ne se composent que de termes dont il faut tenir le plus de compte dans les calculs ; mais la loi générale de leur formation est encore ignorée : c'est ce qu'on peut constater facilement en consultant le Mémoire de Poisson inséré dans les *Additions à la Connaissance des Temps* pour 1836. Nous nous proposons donc de faire voir que ces trois séries s'expriment de la manière la plus simple et la plus prompte en fonction de la transcendante

$$(17)\qquad \mathfrak{B} = e^{c\left(x - \frac{1}{x}\right)}, \quad x = e^{ui},$$

considérée pour la première fois par Bessel, et dont M. Cauchy a tiré un si grand parti dans sa méthode abrégée du calcul du développement de la fonction perturbatrice, comme nous l'expliquerons plus tard.

Nous commencerons d'abord par observer que cette transcendante se développe très-facilement suivant les puissances ascendantes et descendantes de x. Soit, en effet, $\mathfrak{B}_l$ le coefficient de x^l dans ce développement, on aura

$$(18) \qquad \mathfrak{B}_l = \frac{c^l}{1.2.3\ldots l}\,\mathfrak{J}_l,$$

où

$$(19) \qquad \mathfrak{J}_l = 1 - \frac{c}{1}\,\frac{c}{l+1} + \frac{c^2}{1.2}\,\frac{c^2}{(l+1)(l+2)} - + \ldots,$$

et le coefficient de x^{-l} s'exprimera simplement au moyen de celui de x^l par la relation

$$(20) \qquad \mathfrak{B}_{-l} = (-1)^l\,\mathfrak{B}_l.$$

D'ailleurs on aura encore la relation suivante entre trois fonctions consécutives $\mathfrak{B}_{l-1}$, $\mathfrak{B}_l$, $\mathfrak{B}_{l+1}$

$$(21) \qquad \frac{l}{c}\,\mathfrak{B}_l = \mathfrak{B}_{l-1} + \mathfrak{B}_{l+1}.$$

On a, en effet,

$$\mathfrak{B}_{l-1} + \mathfrak{B}_{l+1} = \frac{1}{2\pi}\int_{-\pi}^{+\pi} x^{-l} e^{c\left(x-\frac{1}{x}\right)}\left(x+\frac{1}{x}\right) du$$

$$= \frac{1}{2\pi i c}\int_{-\pi}^{+\pi} x^{-l} d.e^{c\left(x-\frac{1}{x}\right)} = \frac{l}{2\pi c}\int_{-\pi}^{+\pi} x^{-l} e^{c\left(x-\frac{1}{x}\right)} du = \frac{l}{c}\,\mathfrak{B}_l.$$

De cette relation, on déduit la suivante qui lui est équivalente :

$$(22) \qquad \mathfrak{J}_{l-1} = \mathfrak{J}_l - \frac{c^2}{l(l+1)}\,\mathfrak{J}_{l+1}.$$

D'après cela, il suffira de connaître les deux premières fonctions $\mathfrak{B}_0$ et $\mathfrak{B}_1$, pour trouver successivement toutes les autres. Les valeurs de $\mathfrak{B}_0$ et $\mathfrak{B}_1$, correspondantes à des valeurs de $2c$ comprises entre 0 et 3,20, ont été données par Bessel dans les *Mémoires de l'Académie de Berlin*, 1824. Ainsi cette transcendante peut être regardée comme parfaitement connue et disponible à tout moment pour les calculs.

Nous remarquerons en passant que la fonction $\mathfrak{J}_l$ satisfait à l'équation différentielle du second ordre

$$\frac{d^2 \mathfrak{J}_l}{d c^2} + \frac{1}{c} \frac{d \mathfrak{J}_l}{dc} + \mathfrak{J}_l \left(4 - \frac{l^2}{c^2} \right) = 0 \ (*). \tag{23}$$

Dans les applications que nous allons maintenant faire de cette transcendante, nous supposerons toujours que, lorsque nous écrivons $\mathfrak{J}_{l+\alpha}$, ou $\mathfrak{J}_{l'+\alpha}$, on y sous-entend $c = \frac{l\varepsilon}{2}$, ou $c' = \frac{l'\varepsilon'}{2}$. Il est bon d'ailleurs de ne jamais oublier que le coefficient $\mathfrak{J}_l$ est de l'ordre l, par rapport à l'excentricité ε.

Cela posé, on aura, pour les séries en question, ces nouvelles formules bien simples :

$$(24)\begin{cases} u - \mathrm{T} = \displaystyle\sum_{n=1}^{n=\infty} \frac{2}{n} \mathfrak{J}_n \sin n\mathrm{T}, \\ \dfrac{r}{a} = 1 + \dfrac{\varepsilon^2}{2} + \displaystyle\sum_{n=1}^{n=\infty} \frac{\varepsilon}{n} (\mathfrak{J}_{n+1} - \mathfrak{J}_{n-1}) \cos n\mathrm{T}, \\ v - \mathrm{T} = \displaystyle\sum_{n=1}^{n=\infty} \frac{2}{n} \left[\mathfrak{J}_n + \sum_{q=1}^{q=\infty} \lambda^q (\mathfrak{J}_{n+q} + \mathfrak{J}_{n-q}) \right] \sin n\mathrm{T}, \left(\lambda = \dfrac{\varepsilon}{1 + \sqrt{1 - \varepsilon^2}} \right), \end{cases}$$

auxquelles je joindrai encore celles-ci qui n'avaient pas encore été considérées :

$$(25)\begin{cases} e^{ui} = -\dfrac{\varepsilon}{2} + \displaystyle\sum_{n=1}^{n=\infty} \frac{1}{n} (\mathfrak{J}_{n-1} e^{n\mathrm{T}i} - \mathfrak{J}_{n+1} e^{-n\mathrm{T}i}), \\ e^{vi} = -\varepsilon + \sqrt{1 - \varepsilon^2} \displaystyle\sum_{n=1}^{n=\infty} \left[\mathfrak{J}_{n-1} \left(\frac{1}{\lambda} e^{n\mathrm{T}i} - \lambda e^{-n\mathrm{T}i} \right) + \mathfrak{J}_{n+1} \left(\frac{1}{\lambda} e^{-n\mathrm{T}i} - \lambda e^{n\mathrm{T}i} \right) \right], \\ e^{pui} = p \displaystyle\sum_{n=1}^{n=\infty} \frac{1}{n} (\mathfrak{J}_{n-p} e^{n\mathrm{T}i} - \mathfrak{J}_{n+p} e^{-n\mathrm{T}i}), \\ e^{pvi} = \dfrac{1}{1 + \lambda^2} \displaystyle\sum_{n=0}^{n=\infty} \sum_{s=0}^{s=p+1} \sum_{\sigma=0}^{\sigma=\infty} (-1)^s \left(\frac{p+1}{s} \right) \left[\frac{p-1}{\sigma} \right] \lambda^{s+\sigma} (\mathfrak{J}_{n-p+s-\sigma} e^{n\mathrm{T}i} + \mathfrak{J}_{n+p-s+\sigma} e^{-n\mathrm{T}i}), \end{cases}$$

(*) En posant $\mathfrak{J}_l = e^{\int \frac{y}{c} dc}$, cette équation se transforme en celle-ci :

$$c \frac{dy}{dc} + y^2 + 4c^2 - l^2 = 0.$$

$\left(\frac{p+1}{s}\right)$, $\left[\frac{p-1}{\sigma}\right]$, désignant les nombres

$$\frac{p+1.p\ldots(p-s+1)}{1.2.3\ldots s}, \qquad \frac{p-1.p.p+1\ldots(p+\sigma-1)}{1.2.3\ldots\sigma}.$$

Notons que dans cette dernière série la partie constante sera égale à $(1-\lambda)^p(1+p\cos\varphi)$.

Je me bornerai à démontrer la troisième série (24) et la deuxième (25), ce qui suffira pour faire comprendre la marche du calcul dans les autres.

Observons d'abord que le coefficient de $\sin nT$, dans le développemen de $v-T$, sera $2i$ fois l'intégrale

$$A=\frac{1}{2\pi}\int_{-\pi}^{+\pi}(v-T)\,e^{-nTi}\,dT.$$

Or, en intégrant par parties, on a

$$A=-\frac{1}{2\pi}\left[\frac{(v-T)\,e^{-nTi}}{ni}\right]_0^{2\pi}+\frac{1}{2\pi ni}\int_0^{2\pi}e^{-nTi}\left(\frac{dv}{dT}-1\right)dT,$$

ou bien

$$A=\frac{1}{2\pi ni}\int_0^{2\pi}e^{-nTi}\,\frac{dv}{dT}\,dT.$$

Mais on a

$$e^{vi}=e^{ui}\cdot\frac{1-\lambda e^{-ui}}{1-\lambda e^{ui}},$$

d'où l'on tire

$$\frac{dv}{du}=1+\frac{\lambda e^{-ui}}{1-\lambda e^{-ui}}+\frac{\lambda e^{ui}}{1-\lambda e^{ui}}.$$

Par conséquent, l'intégrale devient

$$\begin{aligned}A&=\frac{1}{2\pi ni}\int_0^{2\pi}e^{-nTi}\left(1+\frac{\lambda x}{1-\lambda x}+\frac{\lambda x^{-1}}{1-\lambda x^{-1}}\right)du\\&=\frac{1}{2\pi ni}\int_0^{2\pi}x^{-n}e^{c\left(x-\frac{1}{x}\right)}\left(-1+\frac{1}{1-\lambda x}+\frac{1}{1-\lambda x^{-1}}\right)du\\&=\frac{1}{2\pi ni}\int_0^{2\pi}x^{-n}e^{c\left(x-\frac{1}{x}\right)}\left[1+\sum\lambda^q(x^q+x^{-q})\right]du\\&=\frac{1}{ni}\mathfrak{B}_n^{(n)}+\frac{1}{ni}\sum_1\lambda^q\left(\mathfrak{B}_{n+q}^{(n)}+\mathfrak{B}_{n-q}^{(n)}\right),\end{aligned}$$

et en multipliant cette valeur de A par $2i$, on aura l'expression du coefficient qu'il fallait trouver.

En passant à l'autre série, on aura, en appelant A_n le coefficient de $e^{n\mathrm{T}i}$ dans le développement de e^{vi}, suivant les puissances ascendantes et descendantes de $e^{\mathrm{T}i}$,

$$A_n = \frac{1}{2\pi}\int_0^{2\pi} e^{vi}\, e^{-ni\mathrm{T}}\, d\mathrm{T},$$

ou, en vertu des équations et notations précédentes,

$$\begin{aligned} A_n &= \frac{1}{2\pi}\int_0^{2\pi} x^{-n+1}\cdot\frac{1-\lambda x^{-1}}{1-\lambda x}\, e^{c\left(x-\frac{1}{x}\right)}\left[1-\frac{\varepsilon}{2}\left(x+\frac{1}{x}\right)\right] du \\ &= \frac{1}{2\pi}\cdot\frac{1}{1+\lambda^2}\int_0^{2\pi} x^{-n+1}\, e^{c\left(x-\frac{1}{x}\right)}(1-\lambda x^{-1})^2\, du \\ &= \frac{1}{1+\lambda^2}(\mathfrak{B}_{n-1} + \lambda^2\mathfrak{B}_{n+1} - 2\lambda\mathfrak{B}_n), \end{aligned}$$

ou bien, en profitant de la relation (21) et en réduisant,

$$A_n = \frac{\varepsilon\sqrt{1-\varepsilon^2}}{2}(\lambda^{-1}\mathfrak{B}_{n-1} - \lambda\mathfrak{B}_{n+1}).$$

Le coefficient de $e^{-n\mathrm{T}i}$ se trouvera de la même manière, et l'on sera ainsi amené, après d'autres réductions faciles, à la série proposée.

Il reste à faire voir que dans cette série le terme constant est égal à l'excentricité prise négativement. Or ce terme est fourni par l'intégrale

$$\begin{aligned} \frac{1}{2\pi}\int_0^{2\pi} e^{vi}\, d\mathrm{T} &= \frac{1}{2\pi}\int_0^{2\pi} x\,\frac{1-\lambda x^{-1}}{1-\lambda x}\left[1-\frac{\varepsilon}{2}(x+x^{-1})\right] du \\ &= \frac{1}{2\pi}\int_0^{2\pi}\frac{x(1-\lambda x^{-1})^2}{1+\lambda^2}\, du = -\frac{2\lambda}{1+\lambda^2} = -\varepsilon, \end{aligned}$$

ce qui démontre la formule proposée.

On verra dans le paragraphe suivant le grand parti que l'on peut tirer de la première des séries (25).

§ II.

Développement complet de la fonction perturbatrice suivant les puissances ascendantes et descendantes des exponentielles e^{Ti}, $e^{T'i}$ ayant pour arguments les anomalies moyennes de deux planètes.

1. Soient :

ι	la distance mutuelle de deux planètes (m) et (m');
r, r'	les rayons vecteurs respectifs;
a, a'	les demi grands axes de leurs orbites;
$\varepsilon = \sin\varphi$, $\varepsilon' = \sin\varphi'$	les excentricités de ces orbites;
I	leur inclinaison respective;
v, v'	leurs anomalies vraies;
u, u'	leurs anomalies excentriques;
T, T'	leurs anomalies moyennes;
U, U', ϖ, ϖ'	les distances des planètes et de leurs perihélies à la ligne des nœuds.

La partie principale de la fonction perturbatrice, que nous nous proposons en premier lieu de développer, sera

$$\frac{1}{\iota} = (r^2 + r'^2 - 2rr'\cos \mathrm{S})^{-\frac{1}{2}}, \tag{1}$$

et l'on aura

$$\cos \mathrm{S} = \cos \mathrm{U} \cos \mathrm{U}' + \sin \mathrm{U} \sin \mathrm{U}' \cos \mathrm{I}, \tag{2}$$

$$\mathrm{U} = v + \varpi, \quad \mathrm{U}' = v' + \varpi'. \tag{3}$$

Ce qu'il convient maintenant de faire d'abord pour atteindre notre but, c'est de donner l'expression la plus simple de ι^2 en fonction des anomalies excentriques. A cet effet, joignons ces trois équations à celles (1, 2, 3, 4) du premier paragraphe; on en tirera facilement les suivantes :

(4) (*)
$$\begin{cases} \cos \mathrm{S} = \cos(v - v')\cos(\varpi - \varpi')\cos^2\frac{\mathrm{I}}{2} \\ \quad - \sin(v - v')\sin(\varpi - \varpi')\cos^2\frac{\mathrm{I}}{2} \\ \quad + \cos(v + v')\cos(\varpi + \varpi')\sin^2\frac{\mathrm{I}}{2} \\ \quad - \sin(v + v')\sin(\varpi + \varpi')\sin^2\frac{\mathrm{I}}{2}. \end{cases}$$

(*) Pour rapporter les formules qui suivent au plan de l'écliptique, il suffirait d'y faire, en appelant J, J' et θ, θ' les inclinaisons et les longitudes des nœuds ascendants des plans des orbites, $\cos \mathrm{I} = \sin^2\left(\frac{\theta - \theta'}{2}\right)\cos\left(\frac{\mathrm{J} + \mathrm{J}'}{2}\right) + \cos^2\left(\frac{\theta - \theta'}{2}\right)\sin\left(\frac{\mathrm{J} - \mathrm{J}'}{2}\right)$.

$$(5)\left\{\begin{aligned}
rr'\cos(v+v') &= aa'[(\cos u-\varepsilon)(\cos u'-\varepsilon')-\sin u\sin u'\cos\varphi\cos\varphi'],\\
rr'\cos(v-v') &= aa'[(\cos u-\varepsilon)(\cos u'-\varepsilon')+\sin u\sin u'\cos\varphi\cos\varphi'],\\
rr'\sin(v+v') &= aa'[(\cos u-\varepsilon)(\sin u'\cos\varphi'+(\cos u'-\varepsilon')\sin u\cos\varphi],\\
rr'\sin(v-v') &= aa'[-(\cos u-\varepsilon)\sin u'\cos\varphi'+(\cos u'-\varepsilon')\sin u\cos\varphi],\\
\frac{rr'}{aa'}\cos s &= \cos(\varpi+\varpi')\sin^2\frac{\mathrm{I}}{2}[\cos u\cos u'-\sin u\sin u'\cos\varphi\cos\varphi'-\varepsilon\cos u'-\varepsilon'\cos u+\varepsilon\varepsilon']\\
&+\cos(\varpi-\varpi')\cos^2\frac{\mathrm{I}}{2}[\cos u\cos u'+\sin u\sin u'\cos\varphi\cos\varphi'-2\cos u'-\varepsilon'\cos u+\varepsilon\varepsilon']\\
&-\sin(\varpi+\varpi')\sin^2\frac{\mathrm{I}}{2}[\cos u\sin u'\cos\varphi'+\cos u'\sin u\cos\varphi-\varepsilon\sin u'\cos\varphi'-\varepsilon'\sin u\cos\varphi]\\
&-\sin(\varpi-\varpi')\cos^2\frac{\mathrm{I}}{2}[-\cos u\sin u'\cos\varphi'+\cos u'\sin u\cos\varphi+\varepsilon\sin u'\cos\varphi'-\varepsilon'\sin u\cos\varphi].
\end{aligned}\right.$$

Posons maintenant

$$(6)\left\{\begin{aligned}
\cos(\varpi-\varpi')\cos^2\frac{\mathrm{I}}{2}+\cos(\varpi+\varpi')\sin^2\frac{\mathrm{I}}{2} &= \mathrm{L},\\
\cos(\varpi-\varpi')\cos^2\frac{\mathrm{I}}{2}-\cos(\varpi+\varpi')\sin^2\frac{\mathrm{I}}{2} &= \mathrm{M},\\
\sin(\varpi-\varpi')\cos^2\frac{\mathrm{I}}{2}+\sin(\varpi+\varpi')\sin^2\frac{\mathrm{I}}{2} &= \mathrm{L}_1,\\
\sin(\varpi-\varpi')\cos^2\frac{\mathrm{I}}{2}-\sin(\varpi+\varpi')\sin^2\frac{\mathrm{I}}{2} &= \mathrm{M}_1;
\end{aligned}\right.$$

on trouvera, à l'aide des formules précédentes,

$$r^2+r'^2 = a^2+a'^2-2a^2\varepsilon\cos u-2a'^2\varepsilon'\cos u'+a^2\varepsilon^2\cos^2 u+a'^2\varepsilon'^2\cos u'^2,$$

$$\begin{aligned}
\frac{rr'}{aa'}\cos s = {} & \mathrm{L}\cos u\cos u'+\mathrm{M}\sin u\sin u'\cos\varphi\cos\varphi'-\mathrm{L}_1\cos\varphi\sin u\cos u'\\
&+\mathrm{M}_1\cos\varphi'\cos u\sin u'+\varepsilon\varepsilon'\mathrm{L}-\mathrm{L}(\varepsilon\cos u'+\varepsilon'\cos u)\\
&+\varepsilon'\mathrm{L}_1\cos\varphi\sin u-\varepsilon\cos\varphi'\mathrm{M}_1\sin u',
\end{aligned}$$

et, par conséquent,

$$(7)\left\{\begin{aligned}
r^2+r'^2-2rr'\cos s = a^2-a'^2 & +2aa'\varepsilon\varepsilon'\mathrm{L}+2(aa'\varepsilon'\mathrm{L}-a^2\varepsilon)\cos u\\
&+2(aa'\varepsilon\mathrm{L}-2a'^2\varepsilon')\cos u'-2aa'\varepsilon'\mathrm{L}_1\cos\varphi\sin u\\
&+2aa'\varepsilon\mathrm{M}_1\cos\varphi'\sin u'-2aa'\mathrm{L}\cos u\cos u'\\
&-2aa'\mathrm{M}\sin u\sin u'\cos\varphi\cos\varphi'\\
&+2aa'\mathrm{L}_1\cos\varphi\sin u\cos u'\\
&-2aa'\mathrm{M}_1\cos\varphi'\cos u\sin u'\\
&+a^2\varepsilon^2\cos^2 u+a'^2\varepsilon'^2\cos^2 u^2.
\end{aligned}\right.$$

En employant ensuite les formules connues,

$$
\begin{aligned}
2\cos u\cos u' &= \cos(u+u') + \cos(u-u'),\\
2\sin u\sin u' &= -\cos(u+u') + \cos(u-u'),\\
2\sin u\cos u' &= \sin(u+u') + \sin(u-u'),\\
2\sin u'\cos u &= \sin(u+u') - \sin(u-u'),\\
2\cos^2 u &= 1 + \cos 2u,\\
2\cos^2 u' &= 1 + \cos 2u',
\end{aligned}
$$

il viendra

$$
(8)\quad \left\{
\begin{aligned}
\iota^2 = r^2 + r'^2 - 2rr'\cos s = a^2 + a'^2 - 2aa'\varepsilon\varepsilon' \mathrm{L} + \frac{a^2\varepsilon^2}{2} + \frac{a'^2\varepsilon'^2}{2}&\\
+ \frac{a^2\varepsilon^2}{2}\cos 2u + \frac{a'^2\varepsilon'^2\cos 2u'}{2}&\\
-2a[(a\varepsilon - a'\varepsilon'\mathrm{L})\cos u + a'\varepsilon'\mathrm{L}_1\cos\varphi\sin u]&\\
-2a'[(a'\varepsilon' - a\varepsilon\mathrm{L})\cos u' - a\varepsilon\mathrm{M}_1\cos\varphi'\sin u']&\\
+\cos(u+u')(-aa'\mathrm{L} + aa'\mathrm{M}\cos\varphi\cos\varphi')&\\
+\sin(u+u')(aa'\mathrm{L}_1\cos\varphi - aa'\mathrm{M}_1\cos\varphi')&\\
+\cos(u-u')(-aa'\mathrm{L} - aa'\mathrm{M}\cos\varphi\cos\varphi')&\\
+\sin(u-u')(aa'\mathrm{L}_1\cos\varphi + aa'\mathrm{M}_1\cos\varphi').&
\end{aligned}
\right.
$$

Si maintenant on pose

$$
(9\quad \left\{
\begin{aligned}
h = a^2 + a'^2 - 2aa'\varepsilon\varepsilon'\mathrm{L} + \frac{a^2\varepsilon^2}{2} + \frac{a'^2\varepsilon'^2}{2},\quad l = \frac{a^2\varepsilon^2}{2},\quad l' = \frac{a'^2\varepsilon'^2}{2},&\\
b\cos\beta = 2a(a\varepsilon - a'\varepsilon'\mathrm{L}),&\\
b\sin\beta = 2aa'\varepsilon'\mathrm{L}_1\cos\varphi,&\\
b'\cos\beta' = 2a'(a'\varepsilon' - a\varepsilon\mathrm{L}),&\\
b'\sin\beta' = -2aa'\varepsilon\mathrm{M}_1\cos\varphi',&\\
g\cos\gamma = -aa'(\mathrm{L} - \mathrm{M}\cos\varphi\cos\varphi'),&\\
g\sin\gamma = aa'(\mathrm{L}_1\cos\varphi - \mathrm{M}_1\cos\varphi'),&\\
k\cos\alpha = -aa'(\mathrm{L} + \mathrm{M}\cos\varphi\cos\varphi'),&\\
k\sin\alpha = aa'(\mathrm{L}_1\cos\varphi + \mathrm{M}_1\cos\varphi'),&
\end{aligned}
\right.
$$

on arrivera à l'expression cherchée de ι^2, à savoir :

$$
(10)\quad \left\{
\begin{aligned}
\iota^2 = h - b\cos(u-\beta) - b'\cos(u'-\beta') + k\cos(u-u'-\alpha)&\\
+ g\cos(u+u'-\gamma) + l\cos 2u + l'\cos 2u'.&
\end{aligned}
\right.
$$

2. Développons à présent $\frac{1}{\iota}$ suivant les exponentielles e^{ui}, $e^{u'i}$. A cet effet, pour rendre la série le plus convergente possible, mettons cette fonction sous la forme

$$(11)\quad \left\{\begin{aligned} \iota^2 = \mathrm{H} &- \frac{b}{2}\left[e^{(u-\beta)i} + e^{(u'-\beta')i}\right] - \frac{b'}{2}\left[e^{(u'-\beta')i} + e^{-(u'-\beta')i}\right] \\ &+ \frac{l}{2}\left(e^{2ui} + e^{-2ui}\right) + \frac{l'}{2}\left(e^{2u'i} + e^{-2u'i}\right. \\ &+ \frac{k_1}{2}\left[e^{(u-u'-\alpha_1)i} + e^{-(u-u'-\alpha_1)i}\right] + \frac{g}{2}\left[e^{(u+u'-\gamma)i} + e^{-(u+u'-\gamma)i}\right], \end{aligned}\right.$$

en posant

$$\begin{aligned} \mathrm{H} &= h - 2aa'\cos(u - u' + \varpi - \varpi'), \\ k_1 \cos\alpha_1 &= k\cos\alpha + 2aa'\cos(\varpi - \varpi'), \\ k_1 \sin\alpha_1 &= k\sin\alpha - 2aa'\sin(\varpi - \varpi'). \end{aligned}$$

Faisons

$$x = e^{ui}, \quad y = e^{-ui}, \quad z = e^{u'i}, \quad v = e^{-u'i},$$

et appelons

$$\square^1,\ \square_1,\ {}_1\square,\ {}^1\square;\ {}^1\square^1,\ {}_1\square_1,\ {}_1\square^1,\ {}^1\square_1;\ \square^2,\ \square_2,\ {}_2\square,\ {}^2\square;$$

les coefficients respectifs de

$$x,\quad y,\quad z,\quad v;\quad xv,\quad yz,\quad xz,\quad yv;\quad x^2,\quad y^2,\quad z^2,\quad v^2,$$

dans la fonction ι^2. Il viendra

$$(12)\quad \frac{1}{\iota} = \begin{pmatrix} \mathrm{H} + \square^1 x + \square_1 y + {}_1\square z + {}^1\square v + {}^1\square^1 xv + {}_1\square_1 yz \\ + {}_1\square^1 xz + {}^1\square_1 yv + \square^2 x^2 + \square_2 y^2 + {}_2\square z^2 + {}^2\square v \end{pmatrix}^{-\frac{1}{2}}.$$

Développons cette fonction suivant les puissances et produits ascendants de x, y, z, v, ce qui sera permis, H ayant une valeur convenable. D'après le procédé dont nous avons déjà fait usage dans notre théorie de l'élimination, et dont pour plus de clarté nous renverrons la démonstration à la Note (page 102), le coefficient de x^{P}, y^{R}, z^{Q}, v^{S} dans le développement de la fonction

$$(13)\quad \varphi\begin{pmatrix} \square + \square^1 x + \square_1 y + {}_1\square z + {}^1\square v + \square^{(2)} x^2 + \square_2 y^2 + \ldots \\ + {}^{(s)}_{(r)}\square^{(p)}_{(q)} x^p y^q z^r v^s + \ldots \end{pmatrix},$$

où les indices caractéristiques des coefficients $\square$, qui se trouvent à chaque sommet, se rapportent constamment à une des variables et en égalent les exposants respectifs pour chaque terme, sera

$$(14)\quad \left\{ \begin{array}{l} \varphi'(\square)(p, q, r, s)^1 + \varphi''(\square)(p, q, r, s)^2 + \varphi'''(\square)(p, q, r, s)^3 + \ldots \\ \qquad + \varphi^{(p+q+r+s)}(\square)(p, q, r, s)^{p+q+r+s}, \end{array} \right.$$

$(p, q, r, s)^i$ *désignant en général une fonction de degré i par rapport aux coefficients, isobarique et de poids respectivement*

$$P,\ Q,\ R,\ S$$

par rapport aux indices correspondants pour chaque sommet aux variables

$$x,\ y,\ z,\ v,$$

et telle, que pour chaque terme le facteur ${}^{(s)}_{(r)}\square^{(p)l}_{(q)}$ *qui y entre soit divisé par le produit* 1.2.3... *l*.

Cela posé, si dans le cas actuel nous voulons, par exemple, avoir le coefficient de $e^{(\mu u - \mu' u')i}$ dans le développement de $\frac{1}{v}$, il est évident qu'il faudra choisir arbitrairement P et Q dans une colonne quelconque de la série double

$$\begin{array}{llllll} P = \mu + 0, & \mu + 1, & \mu + 2, \ldots, & \mu + j, \ldots, & \mu + \infty, \\ Q = \quad 0, & 1, & 2, \ldots, & j, \ldots, & \infty, \end{array}$$

et R, S dans une des colonnes de la série

$$\begin{array}{llllll} R = \quad 0, & 1, & 2, \ldots, & j', \ldots, & \infty, \\ S = \mu' + 0, & \mu' + 1, & \mu' + 2, \ldots, & \mu' + j', \ldots, & \mu' + \infty. \end{array}$$

Alors la fonction $(P, Q, R, S)^\lambda$ sera en général de la forme

$$(15)\qquad (P, Q, R, S)^\lambda = \sum \frac{\square^{1\,k_1}\ \square_1^{\,k_2}\ {}_1\square^{k_3}\ {}^1\square^{k_4}\ {}^1\square^{1\,k_5}\ {}_1\square_1^{\,k_6}\ {}_1\square^{1\,k_7}\ {}^1\square_1^{\,k_8}\ \square^{2\,k_9}\ \square_2^{\,k_{10}}\ {}_2\square^{k_{11}}\ {}^2\square^{k_{12}}}{(k_1)(k_2)(k_3)(k_4)(k_5)(k_6)(k_7)(k_8)(k_9)(k_{10})(k_{11})(k_{12})}$$

sous les conditions

$$(16)\qquad \left\{ \begin{array}{l} k_1 + k_5 + k_7 + 2k_9 = P = \mu + j, \\ k_2 + k_6 + k_8 + 2k_{10} = Q = \quad j, \\ k_3 + k_6 + k_7 + 2k_{11} = R = \quad j', \\ k_4 + k_5 + k_8 + 2k_{12} = S = \mu' + j', \\ k_1 + k_2 + k_3 + k_4 + k_5 + \ldots + k_{12} = \lambda, \end{array} \right.$$

λ étant un nombre positif compris entre 0 et $\mu + \mu' + 2j + 2j'$.

$$(k_1) = 1.2.3\ldots k_1, \quad (k_2) = 1.2.3\ldots k_2, \ldots, \quad (k_{12}) = 1.2.3\ldots k_{12}.$$

Cette fonction sera d'ailleurs multipliée par

$$(17)\qquad \varphi^{(\lambda)}(\square) = \left(\sqrt{\frac{1}{H}}\right)^{(\lambda)} = \frac{1.3.5\ldots 2\lambda - 1}{(-2)^{\lambda}} H^{-\frac{2\lambda+1}{2}},$$

et il est à noter qu'elle est de l'ordre

$$k_1 + k_2 + k_3 + k_4 + 2(k_9 + k_{10} + k_{11} + k_{12})$$

par rapport aux excentricités. Cela posé, si l'on se borne d'un côté à l'approximation voulue, qui, pour notre système planétaire, sera d'un ordre peu élevé, et si l'on observe de l'autre qu'en appelant $\mathfrak{m}$ le plus grand des modules g et k_1, H_1 le module minimum de H, celui d'un terme de la fonction $\varphi^{(\lambda)}(P, Q, R, S)^{\lambda}$ sera au plus égal à

$$(18)\qquad \frac{1.3.5\ldots 2\lambda - 1}{2.4.6\ldots 2\lambda}\left(\frac{1}{H_1}\right)^{\frac{2\lambda+1}{2}}\left(\frac{\mathfrak{m}}{2}\right)^{\lambda}.$$

On pourra renfermer les nombres k entre des limites assez resserrées, sans craindre de dépasser l'erreur à laquelle on veut d'avance s'arrêter, et l'évaluation du coefficient de $e^{(mu-m'u')i}$ deviendra très-facile.

Cela fait, pour trouver en dernier lieu le coefficient de $e^{(mu-m'u')i}$ dans le développement de $\frac{1}{r}$, il restera encore à calculer en général une intégrale de la forme

$$\left(\frac{1}{2\pi}\right)^2 C_\lambda \int_0^{2\pi}\int_0^{2\pi} \frac{e^{(\mu-m)ui+(m'-\mu')u'i}}{[h - 2aa'\cos(u - u' + \varpi - \varpi')]^{\frac{2\lambda+1}{2}}}\,du\,du',$$

qui, en posant $u - u' + \varpi - \varpi' = z$, et pourvu que l'on ait $\mu - \mu' = m - m'$, revient à celle-ci :

$$(19)\qquad \frac{1}{2\pi} C_\lambda e^{-(\mu-m)(\varpi-\varpi')i} \int_0^{2\pi} \frac{e^{(\mu-m)zi}}{(h - 2aa'\cos z)^{\frac{2\lambda+1}{2}}}\,dz.$$

Comme on peut calculer cette dernière intégrale en termes finis, au moyen des fonctions elliptiques, il en résulte que le coefficient cherché pourra s'exprimer par une série très-concise et très-convergente en même temps.

Supposons donc qu'en employant cette méthode ou toute autre plus avantageuse encore, on ait développé la fonction $\frac{1}{r}$ suivant les puissances ascendantes et descendantes de e^{ui}, $e^{-u'i}$, et soient

$\mathcal{A}_{\pm m, \pm m'}$ les coefficients de $e^{\pm(mu+m'u')i}$,

$\mathcal{A}_{\pm m, \mp m'}$ les coefficients de $e^{\pm(mu-m'u')i}$, chacune de ces exponentielles étant développée suivant les puissances ascendantes et descendantes de $e^{\mathrm{T}i}$, $e^{\mathrm{T}'i}$ à l'aide de la troisième formule (25), § I, nous obtiendrons pour le coefficient $\mathrm{A}_{n,-n'}$ de $e^{(n\mathrm{T}-n'\mathrm{T}')i}$ dans le développement cherché de $\frac{1}{\mathfrak{r}}$ la série double

$$(20)\qquad nn'\mathrm{A}_{n,-n'} = \sum mm' \left(\begin{array}{c} \mathcal{A}_{m,-m'}\mathcal{B}_{n-m}\mathcal{B}'_{n'-m'} - \mathcal{A}_{m,m'}\mathcal{B}_{n-m}\mathcal{B}'_{n'+m'} \\ - \mathcal{A}_{-m,-m'}\mathcal{B}'_{n'-m'}\mathcal{B}_{n+m} + \mathcal{A}_{-m,m'}\mathcal{B}_{n+m}\mathcal{B}'_{n'+m'} \end{array} \right).$$

Supposons $n > n'$ et ordonnons cette série suivant les puissances ascendantes des excentricités; nous obtiendrons, jusqu'au terme de l'ordre n,

$$(21)\left\{\begin{aligned} nn'\mathrm{A}_{n,-n'} = {} & nn'\mathcal{B}_0\mathcal{B}'_0\mathcal{A}_{n,-n'} + \sum_{p=1}^{p=n-n'-1}\left[(n-p)n'\mathcal{B}'_0\mathcal{B}_p\mathcal{A}_{n-p,-n'} + n(n'-p)\mathcal{B}_0\mathcal{B}'_p\mathcal{A}_{n,-(n'-p)}\right] \\ & + n'^2\mathcal{B}_{n-n'}\mathcal{B}'_0\mathcal{A}_{n',-n'} + (-1)^{n-n'}n^2\mathcal{B}'_{n-n'}\mathcal{B}_0\mathcal{A}_{n',-n} \\ & + \sum_{p=1}^{p=n-1}\left[n'(n'-p)\mathcal{B}_{n-n'+p}\mathcal{A}_{n'+p,+n'} + (-1)^{n-n'+p}n(n+p)\mathcal{B}'_{n-n'+p}\mathcal{A}_{n',-n+p}\right] \\ & + (-1)^n n(n+n')\mathcal{B}_0\mathcal{B}_{n'}\mathcal{A}_{-n,-n+n'} + (-1)^n\,2nn'\mathcal{B}'_0\mathcal{B}_n\mathcal{A}_{2n,-n'} \\ & - n(n-n')\mathcal{A}_{n,n-n'}\mathcal{B}_0\mathcal{B}'_n + \ldots, \end{aligned}\right.$$

en négligeant, pour abréger l'écriture, les termes provenant de la partie $\mathcal{A}_{m,m'}\mathcal{B}_{n-m}\mathcal{B}'_{n'+m'}$ qui seront au moins de l'ordre n' ou $n-n'$, suivant que $n' \lesseqgtr n-n'$.

On voit avec quelle facilité se forment la plupart de ces différents termes dès que l'on connaît ceux de la forme $\mathrm{A}_{m,-m'}$, que nous avons appris ci-dessus à calculer. Pour trouver en particulier le terme de l'ordre $n-n'$ par rapport aux seules excentricités, il suffira de réduire la fonction $\frac{1}{\mathfrak{r}}$ à la suivante :

$$(22)\ \frac{1}{\mathfrak{r}} = \left\{a^2 + a'^2 - 2aa'\left[\cos(u-u'+\varpi-\varpi')\cos\frac{\mathrm{I}}{2} + \cos(u+u'+\varpi+\varpi')\sin^2\frac{\mathrm{I}}{2}\right]\right\}^{-\frac{1}{2}},$$

et d'y déterminer les coefficients $\mathcal{A}_{n,-n}$, $\mathcal{A}_{n',-n'}$. A cet effet, posons

$$(23)\ \frac{aa'\cos^2\frac{\mathrm{I}}{2}}{a^2+a'^2} = \frac{\rho}{1+\rho^2},\quad u-u'+\varpi-\varpi' = \psi,\quad u+u'+\varpi+\varpi' = \psi',$$

on aura

$$(24)\quad \left\{\begin{aligned} \left(\frac{a^2+a'^2}{1+\rho^2}\right)^{\frac{1}{2}}\frac{1}{\iota} &= \left[\left(1-\rho e^{\psi i}\right)\left(1-\rho e^{-\psi i}\right)-2\rho\,\mathrm{tang}^2\frac{\mathrm{I}}{2}\cos\psi'\right]^{-\frac{1}{2}} \\ &= \sum_{p=0}^{p=\infty}\left[\frac{1}{2}\right]_p\left(2\rho\,\mathrm{tang}^2\frac{\mathrm{I}}{2}\right)^p\left(1-\rho e^{\psi i}\right)^{-p-\frac{1}{2}}\left(1-\rho e^{-\psi i}\right)^{-p-\frac{1}{2}}\cos^p\psi'. \end{aligned}\right.$$

Mais on a (*voir* page 93)

$$(25)\qquad \left(1-\rho e^{\psi i}\right)^{-p-\frac{1}{2}}\left(1-\rho e^{-\psi i}\right)^{-p-\frac{1}{2}} = \sum \Theta_q\left(e^{q\psi i}+e^{-q\psi i}\right),$$

où, en posant $\frac{\rho^2}{1-\rho^2}=\eta$, Θ_q a la valeur

$$(26)\quad \Theta_q = \rho^q(1-\rho^2)^{-p-\frac{1}{2}}\left[p+\frac{1}{2}\right]_q\left[1+\frac{2p+1}{2}\,\frac{(2p-1)}{2q+2}\eta+\frac{(2p+3)(2p+1)}{2.4}\,\frac{(2p-1)(2p-3)}{(2q+2)(2q+4)}\eta^2+\ldots\right].$$

On trouve encore

$$\cos^p\psi' = \frac{1}{2^p}\left(e^{\psi' i}+e^{-\psi' i}\right)^p = \frac{1}{2^p}\sum (p)_l e^{(p-2l)\psi' i}.$$

Donc l'expression de $\frac{1}{\iota}$ se transformera dans la suivante :

$$(27)\quad \left(\frac{a^2+a'^2}{1+\rho^2}\right)^{\frac{1}{2}}\frac{1}{\iota} = \sum\left[\frac{1}{2}\right]_p\left(\rho\,\mathrm{tang}^2\frac{\mathrm{I}}{2}\right)^p (p)_l\Theta_q\left\{e^{[q\psi+(p-2l)\psi']i}+e^{[-q\psi+(p-2l)\psi']i}\right\},$$

p, q, l étant trois nombres positifs, les deux premiers variables entre 0 et l'infini et le dernier entre 0 et p. Maintenant, d'après les relations (23), on a les suivantes :

$$(28)\left\{\begin{aligned} q\psi+(p-2l)\psi' &= (q+p-2l)u+u'(-q+p-2l)+q(\varpi-\varpi')-(p-2l)(\varpi+\varpi'), \\ -q\psi+(p-2l)\psi' &= (-q+p-2l)u+u'(q+p-2l)-q(\varpi-\varpi')-(p-2l)(\varpi+\varpi'), \end{aligned}\right.$$

ou bien, en faisant, pour abréger, $q+p-2l=\alpha$, $-q+p-2l=\alpha'$,

$$(29)\qquad \left\{\begin{aligned} q\psi+(p-2l)\psi' &= \alpha u+\alpha' u'-\alpha'\varpi-\alpha\varpi', \\ -q\psi+(p-2l)\psi' &= \alpha' u+\alpha u'-\alpha\varpi-\alpha'\varpi'. \end{aligned}\right.$$

Cela posé, d'après la seconde des sommes (21), il faudra pour le terme de l'ordre que l'on considère, que

$$(\alpha=n',\quad \alpha'=-n'),\quad \text{ou}\quad (\alpha=n,\quad \alpha'=-n),$$

ce qui n'est pas possible, à moins que $p=2l$, et dans ce cas on obtient

$$(30)\qquad (p)_{\frac{p}{2}} = \left(\frac{p}{2}\right) = \frac{p.p-1.p-2\ldots\frac{p}{2}+1}{1.2.3\ldots\frac{p}{2}},\quad q=n'=n.$$

Nous aurons donc

$$(31)\quad \left\{\begin{aligned}\mathcal{A}_{n',-n'} &= \left(\frac{a^2+a'^2}{1+\rho^2}\right)^{-\frac{1}{2}} \sum \left[\frac{1}{2}\right]_p \left(\rho \operatorname{tang}^2 \frac{I}{2}\right)^p \left(\frac{p}{2}\right) \cdot \Theta_{n'} e^{n'(\varpi - \varpi')i},\\ \mathcal{A}_{n,-n} &= \left(\frac{a^2+a'^2}{1+\rho^2}\right)^{-\frac{1}{2}} \sum \left[\frac{1}{2}\right]_p \left(\rho \operatorname{tang}^2 \frac{I}{2}\right)^p \left(\frac{p}{2}\right) \cdot \Theta_n e^{n(\varpi - \varpi)i}\end{aligned}\right.$$

Ainsi la partie de l'ordre $n - n'$ que nous considérons dans $A_{n,-n'}$ sera

$$(32)\quad \frac{1}{nn'} \left(\frac{a^2+a'^2}{1+\rho^2}\right)^{-\frac{1}{2}} \sum \left[\frac{1}{2}\right]_p \left(\rho \operatorname{tang}^2 \frac{1}{2}\right)^p \left(\frac{p}{2}\right) \left[n'^2 \Theta_{n'} e^{n'(\varpi - \varpi')i}\, \mathfrak{B}_{n-n'} + (-1)^{n-n'} n^2 \Theta_n e^{n(\varpi + \varpi)i}\, \mathfrak{B}_{n-n'}\right],$$

p étant un nombre pair compris entre o et ∞. Appelons enfin H_n^p la série

$$1 + \frac{2p+1}{2}\,\frac{2p-1}{2n+2}\eta + \frac{2p+3\,.\,2p+1}{2\,.\,4}\,\frac{2p-1\,.\,2p-3}{(2n+2)(2n+4)}\eta^2 + \ldots,$$

nous aurons pour la partie de la fonction perturbatrice correspondante à l'argument $nT - n'T'$ et aux seules excentricités

$$(33)\quad \left\{\begin{aligned}&\left[\frac{1}{\sqrt{a^2+a'^2}}\,\frac{n'}{n}\,\rho^{n'} \left(\frac{1+\rho^2}{1-\rho^2}\right)^{\frac{1}{2}} \mathfrak{B}_{n-n'} \sum \left[\frac{1}{2}\right]_p \left(\frac{p}{2}\right) \left(p+\frac{1}{2}\right)_{n'} \left(\frac{\rho \operatorname{tang}^2 \frac{I}{2}}{1-\rho^2}\right)^p H_{n'}^{(p)}\right] \cos[nT - n'T' + n'(\varpi - \varpi')]\\ &\left[(-1)^{n-n'} \frac{1}{\sqrt{a^2+a'^2}}\,\frac{n}{n'}\,\rho^{n} \left(\frac{1+\rho^2}{1-\rho^2}\right)^{\frac{1}{2}} \mathfrak{B}'_{n-n'} \sum \left[\frac{1}{2}\right]_p \left(\frac{p}{2}\right) \left(p+\frac{1}{2}\right)_{n} \left(\frac{\rho \operatorname{tang}^2 \frac{I}{2}}{1-\rho^2}\right)^p H_{n}^{(p)}\right] \cos[nT - n'T' + n(\varpi - \varpi')].\end{aligned}\right.$$

Pour trouver la partie de $A_{n,-n'}$ relative aux seules inclinaisons, il suffira de remplacer dans les équations (27) et (29) les angles n, n' par T, T', et d'assujettir les quantités α, α' à l'une des conditions

$$(\alpha = n,\ \alpha' = -n'),\quad (\alpha = -n',\ \alpha' = n),$$

lesquelles fourniront les suivantes :

$$(34)\quad \left\{\begin{aligned}&\left(p = \frac{n-n'}{2} + 2l,\quad q = \frac{n+n'}{2}\right)\\ &\left(p = \frac{n-n'}{2} + 2l,\quad q = -\frac{n-n'}{2}\right)\end{aligned}\right\},\quad n + n' = \text{nombre pair},$$

l étant un nombre variable depuis o à ∞. Par conséquent nous aurons, en posant $p = \frac{n-n'}{2} + 2l$, pour la partie cherchée :

$$(35)\quad \mathcal{A}_{n,-n'} = 2\left(\frac{1+\rho^2}{a^2+a'^2}\right)^{\frac{1}{2}} c^{(n'\varpi - n\varpi')t} \sum_{l=0}^{l=\infty} \left[\frac{1}{2}\right]_{\frac{n-n'}{2}+2l} \rho^p \left(\operatorname{tang}\frac{I}{2}\right)^{n-n'+4l} (p)_l \Theta_{\frac{n+n'}{2}}.$$

On constate que cette partie est au moins de l'ordre $n - n'$ par rapport aux inclinaisons, ce qui doit être. La partie enfin correspondante de la fonction perturbatrice sera

$$(36)\quad \frac{4}{\sqrt{a^2+a'^2}}\left(\frac{1+\rho^2}{1-\rho^2}\right)^{\frac{1}{2}}\rho^{\frac{n+n'}{2}}\cos(n\mathrm{T}-n'\mathrm{T}'+n'\varpi-n\varpi')\sum_{l=0}^{l=\infty}\left(\frac{1}{2}\right)_p(p)_l\left[p+\frac{1}{2}\right]_{\frac{n+n'}{2}}\left(\frac{\rho}{1-\rho^2}\right)^p\left(\operatorname{tang}\frac{\mathrm{I}}{2}\right)^{n-n'+2l}\mathrm{K}_{\frac{n+n'}{2}}^{(p)}$$

où l'on a fait

$$(37)\quad \mathrm{K}_{\frac{n+n'}{2}}^{(p)}=1+\frac{2p+1}{1}\,\frac{2p-1}{1.2(n+n'+1)}+\frac{2p-3.2p+1}{1.2}\,\frac{2p-1.2p-3}{2.4(n+n'+1)(n+n'+2)}+\ldots$$

Les séries (33) et (37) d'une forme très-concise sont rapidement convergentes. En les joignant ensemble on aura donc, par des calculs peu longs, la partie la plus influente de la fonction perturbatrice par rapport aux seules excentricités et inclinaisons.

4. L'autre partie de la fonction perturbatrice qu'il nous reste à développer est l'expression

$$(38)\quad \mathcal{R}' = \frac{r\cos s}{r'^2}.$$

Appelons à cet effet $\mathcal{A}_{-n}$, $\mathrm{A}_{n',-n}$, les coefficients de $e^{-n\mathrm{T}i}$ et de $e^{(n'\mathrm{T}'-n\mathrm{T})i}$ dans le développement de $\mathcal{R}'$ suivant les puissances ascendantes et descendantes de $e^{\mathrm{T}i}$, et de $e^{\mathrm{T}i}$, $e^{\mathrm{T}'i}$ conjointement ; on aura

$$(39)\quad \mathcal{A}_{-n} = \frac{1}{2\pi}\int_{-\pi}^{+\pi}\mathcal{R}'e^{n\mathrm{T}i}d\mathrm{T},\quad \mathrm{A}_{n',-n} = \frac{1}{2\pi}\int_{-\pi}^{+\pi}\mathcal{A}_{-n}e^{-n'\mathrm{T}'i}d\mathrm{T}'.$$

Cherchons d'abord la valeur de $\mathcal{A}_{-n}$. Observons pour cela qu'en posant

$$(40)\quad \left\{\begin{aligned}\mathrm{A} = {} & \left[\cos(\varpi-\varpi')\cos^2\frac{\mathrm{I}}{2}+\cos(\varpi+\varpi')\sin^2\frac{\mathrm{I}}{2}\right]\cos v' \\ & +\left[\sin(\varpi-\varpi')\cos^2\frac{\mathrm{I}}{2}-\sin(\varpi+\varpi')\sin^2\frac{\mathrm{I}}{2}\right]\sin v'\end{aligned}\right\} = \mathrm{L}\cos v' + \mathrm{M}_1\sin v',$$

$$(41)\quad \left\{\begin{aligned}\mathrm{B} = {} & \left[-\sin(\varpi-\varpi')\cos^2\frac{\mathrm{I}}{2}-\sin(\varpi+\varpi')\sin^2\frac{\mathrm{I}}{2}\right]\cos v' \\ & +\left[\cos(\varpi-\varpi')\cos^2\frac{\mathrm{I}}{2}-\cos(\varpi+\varpi')\sin^2\frac{\mathrm{I}}{2}\right]\sin v'\end{aligned}\right\} = -\mathrm{L}_1\cos v' + \mathrm{M}\sin v',$$

on a

$$r\cos s = a[\mathrm{A}(\cos u - \varepsilon) + \mathrm{B}\sin u\cos\varphi],$$

et, par conséquent,

$$(42)\quad \mathcal{A}_{-n} = \frac{a}{2nr'^2}[\mathrm{A}(\mathcal{B}_{n-1} - \mathcal{B}_{n+1}) + i\mathrm{B}(\mathcal{B}_{n-1} + \mathcal{B}_{n+1})\cos\varphi].$$

Au moyen de cette expression de $\mathcal{A}_{-n}$, la valeur de $A_{n',-n}$ peut se mettre sous la forme

$$(43)\qquad A_{n',-n} = \frac{a}{2na'^2}\frac{1}{2\pi}\int_{-\pi}^{+\pi}\frac{P\cos u' + Q\sin u' + R}{(1-\varepsilon'\cos u')^2}e^{-n'T'i}du',$$

P, Q, R ayant les valeurs suivantes :

$$(44)\qquad \begin{cases} P = (\mathfrak{B}_{n-1} - \mathfrak{B}_{n+1})L - i(\mathfrak{B}_{n-1} + \mathfrak{B}_{n+1})L_1\cos\varphi, \\ Q = (\mathfrak{B}_{n-1} - \mathfrak{B}_{n+1})M_1\cos\varphi' + i(\mathfrak{B}_{n-1} + \mathfrak{B}_{n+1})M\cos\varphi\cos\varphi', \\ R = -(\mathfrak{B}_{n-1} - \mathfrak{B}_{n+1})L\varepsilon' + i(\mathfrak{B}_{n-1} + \mathfrak{B}_{n+1})L_1\varepsilon'\cos\varphi. \end{cases}$$

L'intégrale qui figure dans le second membre de l'équation (43) est susceptible de simplifications remarquables. Observons, en effet, qu'on a

$$(45)\qquad \frac{\cos u'}{(1-\varepsilon'\cos u')^2} = -\frac{1}{\varepsilon'}\frac{1}{1-\varepsilon'\cos u'} + \frac{1}{\varepsilon'}\frac{1}{(1-\varepsilon'\cos u')^2},$$

$$(46)\qquad \frac{\sin u'}{(1-\varepsilon'\cos u')^2} = -\frac{1}{\varepsilon'}D_{u'}\left(\frac{1}{1-\varepsilon'\cos u'}\right),$$

$$(47)\qquad \frac{1}{(1-\varepsilon'\cos u')^2} = -\left[D_\alpha\left(\frac{1}{\alpha-\varepsilon'\cos u'}\right)\right]_{\alpha=1},$$

α étant une variable provisoire. Alors l'intégrale (43) devient

$$(48)\quad 4\pi n\frac{a'^2}{a}A_{n',-n} = -\frac{n'i}{\varepsilon'}\mathfrak{B}_{n'}Q - {}_{\varepsilon'}[P + (R\varepsilon' + P)D_\alpha]\int_{-\pi}^{\pi}\frac{e^{-n'T'i}du'}{\alpha-\varepsilon'\cos u'},$$

pourvu qu'après l'intégration on réduise la variable α à l'unité. Pour évaluer l'intégrale du second membre, nous observerons qu'en posant

$$\varepsilon' = \frac{2\lambda\alpha}{1+\lambda^2},$$

on a

$$\frac{1}{\alpha-\varepsilon'\cos u'} = \frac{1+\lambda^2}{\alpha}\frac{1}{(1-\lambda x')(1-\lambda x'^{-1})} = \frac{1}{\sqrt{\alpha^2-\varepsilon'^2}}\left(\frac{1}{1-\lambda x'} + \frac{\lambda x'^{-1}}{1-\lambda x'^{-1}}\right),$$

ou encore

$$\frac{1}{\alpha-\varepsilon'\cos u'} = \frac{1}{\sqrt{\alpha^2-\varepsilon'^2}}\left[1 + \sum_1^\infty \lambda^p(x'^p + x'^{-p})\right].$$

Par suite, on obtient

$$\frac{1}{2\pi}\int_{-\pi}^{+\pi}\frac{e^{-n'T'i}du'}{\alpha-\varepsilon'\cos u'}=\frac{1}{2\pi}\int_{-\pi}^{+\pi}\frac{1}{\sqrt{\alpha^2-\varepsilon'^2}}\left[x'^{-n}+\sum_{1}^{\infty}\lambda^p\left(x'^{-n'+p}+x'^{-n'-p}\right)\right]e^{\frac{c'}{c}\left(x'-\frac{1}{x'}\right)}du'$$

$$=\frac{1}{\sqrt{\alpha^2-\varepsilon'^2}}\sum_{p=0}^{p=\infty}\left[\lambda^p\left(\mathfrak{b}_{n'-p}+\mathfrak{b}_{n'+p}\right)\right],$$

en admettant que pour $p=0$ on réduise le terme à moitié. Cela posé, l'équation (48) se transformera en celle-ci :

$$2n\frac{a'^2}{a}A_{n',-n}=-\frac{n'i}{\varepsilon'}\mathfrak{b}_{n'}Q-\frac{1}{\varepsilon'\sqrt{1-\varepsilon'^2}}\sum_{p=0}^{p=\infty}\left[P+\frac{1+p\sqrt{1-\varepsilon'^2}}{1-\varepsilon'^2}P+\varepsilon'R)\right](\mathfrak{b}_{n'-p}+\mathfrak{b}_{n'+p})\lambda'^p,$$

où $\lambda'=\text{tang}\left(\frac{1}{2}\text{arc sin}=\varepsilon'\right)$, et on aura de la sorte l'expression du coefficient qu'il s'agissait de trouver.

Ajoutons qu'en posant

$$G=\frac{1}{2}\frac{a}{a'^2}\left\{\mathfrak{b}_{n-1}-\lambda\,\mathfrak{b}_{n-2}-\lambda^3\,\mathfrak{b}_{n+2}+\lambda^4\,\mathfrak{b}_{n+1}\right\}\frac{1+\lambda'^2}{(1+\lambda^2)^2},$$

$$H=\frac{1}{2}\frac{a}{a'^2}\left\{\mathfrak{b}_{n+1}-\lambda\,\mathfrak{b}_{n+2}-\lambda^3\,\mathfrak{b}_{n-2}+\lambda^4\,\mathfrak{b}_{n-1}\right\}\frac{1+\lambda'^2}{(1+\lambda^2)^2},$$

on aurait pour le coefficient $A_{n,-n'}$ cette autre expression,

$$A_{n,-n'}=\left\{\cos^2\frac{1}{2}e^{(\varpi-\varpi')i}G+\sin^2\frac{1}{2}e^{(\varpi+\varpi')i}H\right\}\sum_{0}^{\infty}(p+1)\lambda'^p\,\mathfrak{b}_{n'-p-1}$$

$$+\left\{\cos^2\frac{1}{2}e^{(\varpi-\varpi')i}H+\sin^2\frac{1}{2}e^{(\varpi+\varpi')i}G\right\}\sum_{0}^{\infty}(p+1)\lambda'^p\,\mathfrak{b}_{n'+p+1}.$$

APPENDICE.

Méthode abrégée de M. Cauchy pour calculer avec une approximation fixée d'avance un coefficient quelconque du développement de $\frac{1}{v}$ suivant les exponentielles e^{Ti}, e^{-Ti}.

1. Nous avons vu dans le paragraphe précédent comment le carré de la distance mutuelle de deux planètes peut se mettre sous la forme

$$(1)\qquad v^2 = h - b\cos(u-\beta) - b'\cos(u'-\beta') + k\cos(u+u'-\gamma) + k\cos(u-u'-\alpha) + l\cos 2u + l'\cos 2u'.$$

Il importe maintenant de démontrer que cette expression est toujours décomposable en quatre facteurs; car c'est sur cette propriété que roule principalement la méthode.

Posons, à cet effet,

$$(2)\qquad \mathrm{H} = h - b\cos(u-\beta) + l\cos 2u,$$

$$(3)\qquad \begin{cases} \mathrm{K}\cos\omega = k\cos(u-\alpha) + g\cos(u-\gamma) - b'\cos\beta', \\ \mathrm{K}\sin\omega = k\sin(u-\alpha) - g\sin(u-\gamma) - b'\sin\beta', \end{cases}$$

il viendra

$$(4)\qquad v^2 = \mathrm{H} + \mathrm{K}\cos(u'-\omega) + l'\cos 2u',$$

expression qui, en posant encore

$$(5)\qquad x = e^{u'i},\quad \frac{\mathrm{K}}{l'} = 4p,\quad \frac{\mathrm{H}}{l'} = 3q,$$

se transformera en celle-ci :

$$(6)\qquad v^2 = \frac{l'}{2x^2}(x^4 + 4pe^{-\omega i}x^3 + 6qx^2 + 4pxe^{i\omega} + 1).$$

Nous aurons ainsi à chercher les racines de l'équation

$$(7)\qquad x^4 + 4pe^{-i\omega}x^3 + 6qx^2 + 4pxe^{\omega i} + 1 = 0.$$

Pour cela, observons que si $x_1 = f(p,q,\omega)$ est une racine, $x_2 = \frac{1}{f(p,q,-\omega)}$ en sera une autre; et, par conséquent, si l'on fait $x_1 = ae^{\varphi i}$, x_2 sera égale à $\frac{1}{a}e^{\varphi i}$. De la même manière, on verrait que les deux autres racines x_3 et x_4

seraient représentées par des expressions de la forme

$$x_3 = b e^{\varphi' i}, \quad x_4 = \frac{1}{b} e^{\varphi' i}.$$

Mais puisque, d'après l'équation (7), $x_1 x_2 x_3 x_4 = 1$, il faudra que $\varphi + \varphi' = 0$. Donc les quatre racines seront

$$(7)' \qquad x_1 = a e^{\varphi i}, \quad x_2 = \frac{1}{a} e^{\varphi i}, \quad x_3 = b e^{-\varphi i}, \quad x_4 = \frac{1}{b} e^{-\varphi i},$$

et la fonction $\frac{1}{\iota}$, en posant $\frac{2ab}{l'} = \mathrm{M}^2$, prendra la forme

$$(8)(^*) \quad \frac{1}{\iota} = \mathrm{M}(1 - a x e^{-\varphi i})^{-\frac{1}{2}} (1 - a x^{-1} e^{\varphi i})^{-\frac{1}{2}} (1 - b x e^{\varphi i})^{-\frac{1}{2}} (1 - b x^{-1} e^{-\varphi i})^{-\frac{1}{2}}.$$

La détermination des racines, ou plutôt des trois quantités a, b, φ, se fera aisément comme il suit. En égalant séparément à zéro la partie réelle et la partie imaginaire de l'équation (6), on obtient les deux équations suivantes :

$$(9) \quad \left\{ \begin{aligned} &\left(a^2 + \frac{1}{a^2}\right) \cos 2\varphi + 4p\left(a + \frac{1}{a}\right) \cos(\varphi - \omega) + 6q = 0, \\ &\left(a + \frac{1}{a}\right) \sin 2\varphi + 4p \sin(\varphi - \omega) = 0, \end{aligned} \right.$$

qui fournissent, par l'élimination du module a, celle-ci :

$$(10) \quad 8p^2[\sin 2\varphi \sin(2\varphi - 2\omega) - 2\sin^2(\varphi - \omega)\cos 2\varphi] + 2\sin^2 2\varphi(\cos 2\varphi - 3q) = 0.$$

Mais comme l'équation (6) est encore satisfaite par $x = b e^{-\varphi i}$, il faudra que l'on ait encore, par le même procédé,

$$(11) \quad \left\{ \begin{aligned} &8p^2[\sin 2\varphi \sin(2\varphi + 2\omega) - 2\sin^2(\varphi + \omega)\cos 2\varphi] \\ &+ 2\sin^2 2\varphi(\cos 2\varphi - 3q) = 0. \end{aligned} \right.$$

Des équations (10) et (11) on tire, après quelques réductions faciles,

$$(12) \quad \cos^3 2\varphi - 3q\cos^2 2\varphi + \cos 2\varphi(4p^2 - 1) + 3q - 4p^2 \cos 2\omega = 0.$$

C'est la même équation cubique propre à déterminer φ, à laquelle on serait

---

(*) On remarquera que l'on peut toujours supposer $b < a < 1$.

arrivé avec M. Cauchy, si l'on avait posé

$$(13)\qquad \begin{cases} y_1 = \frac{1}{2}(x_1 x_2 + x_3 x_4) = \cos 2\varphi, \\ y_2 = \frac{1}{2}(x_1 x_3 + x_2 x_4) = \frac{1}{2}\left(ab + \frac{1}{ab}\right), \\ y_3 = \frac{1}{2}(x_1 x_4 + x_2 x_3) = \frac{1}{2}\left(\frac{a}{b} + \frac{b}{a}\right), \end{cases}$$

et construit l'équation dont y_1, y_2, y_3 seraient les racines.

Posons maintenant dans l'équation

$$(14)\qquad y_3 - 3qy^2 + (4p^2 - 1)y + 3q - 4p^2 \cos 2\omega = 0$$

qui en résulte,

$$(15)\qquad y = z + q,$$

il viendra

$$(16)\qquad z^3 - (1 + 3q^2 - 4p^2)z + 2q(1 - q^2) + 4p^2(q - \cos 2\omega) = 0,$$

dont les racines seront réelles en vertu des équations (13). En les désignant par

$$\rho \cos\frac{\tau}{3},\quad \rho\cos\frac{\tau + 2\pi}{3},\quad \rho\cos\frac{\tau - 2\pi}{3},$$

les trois racines y seront de la forme

$$(17)\quad y_1 = q + \rho\cos\frac{\tau}{3},\quad y_2 = q + \rho\cos\frac{\tau + 2\pi}{3},\quad y_3 - q + \rho\cos\frac{\tau + 2\pi}{3},$$

dont la plus petite, qui sera inférieure à l'unité, fournira la valeur de φ, et les deux autres celles des modules a et b. On tire d'ailleurs des équations (9) et de leurs semblables

$$(18)\ (*)\qquad \begin{cases} a + \frac{1}{a} = -\frac{4p\sin(\varphi - \omega)}{\sin 2\varphi}, \\ b + \frac{1}{b} = -\frac{4p\sin(\varphi + \omega)}{\sin 2\varphi}, \end{cases}$$

(*) A l'aide de ces valeurs, on obtient sous forme réelle

$$\frac{1}{r} = \frac{M}{\sqrt{(1 - a^2)(1 + b^2)}}\left[1 + \frac{\sin 2\varphi}{2\sin(\varphi - \omega)}\cos(u - \varphi)\right]^{-\frac{1}{2}}\left[1 + \frac{\sin 2\varphi}{2\sin(\varphi + \omega)}\cos(u + \varphi)\right]^{-\frac{1}{2}}.$$

dont on déduit aisément les suivantes :

$$(19) \qquad \sin\varphi = + \frac{4p\sin\omega}{a+\frac{1}{a}-b-\frac{1}{b}}, \qquad \cos\varphi = - \frac{4p\cos\omega}{a+\frac{1}{a}+b+\frac{1}{b}},$$

$$(20) \qquad \operatorname{tang}\varphi = -\operatorname{tang}\omega \frac{a+\frac{1}{a}+b+\frac{1}{b}}{a+\frac{1}{a}-b-\frac{1}{b}}.$$

Les équations (19) fixeront complétement l'étendue de l'arc φ sur la circonférence, et l'équation (20), qu'on peut écrire

$$(21) \qquad \operatorname{tang}\varphi = \operatorname{tang}\omega \frac{a+b}{a-b} \frac{\frac{1}{ab}+1}{\frac{1}{ab}-1},$$

jointe aux précédentes, démontre que l'arc φ est compris entre $\omega + \pi$ et $+\frac{3\pi}{2}$, lorsque b varie de o à a.

Lorsque l'arc φ sera ainsi déterminé, les équations (18) feront connaître les modules a et b. On peut du reste obtenir directement des valeurs de plus en plus rapprochées de ces deux quantités en ayant recours à l'équation (4). En y négligeant l', qui sera généralement très-petit lorsqu'on le rapporte à des anciennes planètes, on aura

$$(22) \qquad \iota^2 = \mathrm{H} + \mathrm{K}\cos(u'-\omega) = \mathrm{H} + \frac{\mathrm{K}}{2}(xe^{-\omega i} + x^{-1}e^{\omega i}).$$

Alors deux racines de l'équation (7) disparaîtront, et en posant

$$(23) \qquad \theta = \operatorname{tang}\left(\frac{1}{2}\operatorname{arc}\sin = \frac{\mathrm{K}}{\mathrm{H}}\right),$$

d'où

$$(24) \qquad \iota^2 = \frac{\mathrm{K}}{2\theta}(1 + x\theta e^{-\omega i})(1 + x^{-1}\theta e^{\omega i}),$$

on voit que les deux racines seront

$$(25) \qquad x_1 = \theta e^{(\pi+\omega)i}, \quad x_2 = \frac{1}{\theta}e^{(\pi+\omega)i}.$$

En les comparant ainsi à celles (8), on reconnaît que les premières valeurs approchées de a, b, φ sont :

$$(26) \qquad \begin{cases} a = \operatorname{tang}\frac{1}{2}\left(\operatorname{arc}\sin = \frac{\mathrm{H}}{\mathrm{K}}\right), \\ b = 0, \\ \varphi = \pi + \omega. \end{cases}$$

D'ailleurs par la méthode de Newton, on trouvera les valeurs de a, b, φ; à tel degré d'approximation que l'on voudra. En particulier, les secondes valeurs approchées de a et b seraient :

$$(27)\,(^*)\quad \left\{\begin{aligned} a &= \theta\sqrt{1 - 2\,\Theta\cos e\omega\,(\theta^2 + \theta^{-2}) + \Theta^{-2}\,(\theta^4 + \theta^4 + \cos 4\omega}, \\ b &= \frac{l'}{\mathrm{K}} \\ \varphi &= \omega + \pi + \text{arc tang}\left[\frac{\Theta\sin 2\omega\,(\theta^2 - \theta^{-2})}{1 - \Theta\cos 2\omega\,(\theta^2 + \theta^{-2})}\right], \end{aligned}\right.$$

Θ désignant l'expression $\frac{l'}{\mathrm{K}} \cdot \frac{1}{\theta^{-1} - \theta}$.

Il importe d'avoir des limites de ces trois quantités. Celles de b et de φ nous les connaissons déjà : celle de a ou de sa valeur approchée θ se déduira de l'équation (23). Comme les *maxima* de θ répondent à celles du sinus $\frac{\mathrm{K}}{\mathrm{H}}$, dont la valeur varie à raison de la variation de u', on déterminera le *maximum maximorum* de θ par l'équation

$$(28)\qquad \frac{\mathrm{D}_u \mathrm{K}}{\mathrm{K}} - \frac{\mathrm{D}_u \mathrm{H}}{\mathrm{H}} = 0,$$

laquelle fera connaître la valeur convenable de l'anomalie excentrique. Cette même valeur, substituée dans les valeurs approchées (27) de a et de b, fournira une limite plus resserrée de ces deux quantités.

2. Sous la forme (8) la fonction $\frac{1}{v}$ se développe facilement suivant les puissances ascendantes et descendantes de x'. A cet effet, en négligeant pour un moment le facteur M, et en posant

$$(29)\qquad y = e^{(u'-\varphi)i}, \qquad z = e^{(u'-\varphi)i},$$

nous la décomposerons dans les deux produits

$$(30)\qquad (1 - ay')^{-\frac{1}{2}}\left(1 - \frac{a}{y'}\right)^{-\frac{1}{2}}, \qquad (1 - bz')^{-\frac{1}{2}}\left(1 - \frac{b}{z'}\right)^{-\frac{1}{2}}.$$

(*) On peut remarquer que si dans la seconde des équations (18) on néglige b en comparaison de $\frac{1}{b}$ et que l'on y fasse, d'après (26), $\varphi = \pi + \omega$, il viendra $\frac{1}{b} = -4p\,\frac{\sin(\pi + 2\omega)}{\sin 2\omega} = 4p$; d'où $b = \frac{1}{4p} = \frac{l'}{\mathrm{K}}$.

Soient maintenant $Y_{n'}$, $Z_{n'}$ les coefficients de $y^{n'}$ et $z^{n'}$ dans les développements de chacun de ces produits suivant les puissances ascendantes et descendantes de y et de z. On aura

$$(31)\quad (1-ay)^{-\frac{1}{2}}\left(1-\frac{a}{y}\right)^{-\frac{1}{2}} = \sum Y_{n'} y^{n'}, \quad (1-bz)^{-\frac{1}{2}}\left(1-\frac{b}{z}\right)^{-\frac{1}{2}} = \sum Z_{n'} z^{n'},$$

et, par conséquent,

$$(32)\qquad \frac{1}{v} = M \sum x'^{n'} e^{-u'\varphi i} \sum Z_{n'} x'^{n'} e^{-u'\varphi i}, \qquad (x' = e^{u' i}),$$

où chaque $\sum$ est étendu à toutes les valeurs entières, positives et négatives de u'. Il s'ensuit que le coefficient $A_{n'}$ de $x'^{n'}$ dans le développement indiqué de $\frac{1}{v}$ sera fourni par l'expression

$$(33)\quad \mathcal{A}^{n'} = M e^{-n'\varphi' i}\left[\begin{array}{l} Z_0 Y_{n'} + Z_1 Y_{n'+1} e^{-2\varphi i} + Z_2 Y_{n'+2} e^{-4\varphi i} + \ldots \\ \qquad + Z_1 Y_{n'-1} e^{2\varphi i} + Z_2 Y_{n'-2} e^{4\varphi i} + \ldots \end{array}\right].$$

Il ne reste maintenant qu'à trouver $Y_{n'}$ ou $Z_{n'}$. Cherchons donc en général à développer une fonction telle que

$$(1-\theta e^{pi})^{-s}(1-\theta e^{-pi})^{-s},$$

suivant les puissances ascendantes de e^{pi} et de e^{-pi}; de telle sorte que la série soit rapidement convergente. Posons

$$(34)\quad (1-\theta e^{pi})^{-s}(1-\theta e^{-pi})^{-s} = \Theta_0 + \sum \Theta_n (e^{npi} + e^{-npi}),$$

et supposons que l'on y change e^{pi} en $\frac{e^{pi}}{\theta}$. On aura

$$(35)\quad (1-e^{pi})^{-s}(1-\theta^2 e^{-pi})^{-s} = \Theta_0 + \sum \Theta_n (\theta^{-n} e^{npi} + \theta^n e^{-npi}).$$

Mais on a identiquement

$$(1-\theta^2 e^{-pi})^{-s} = (1-\theta^2)^{-s}\left(1 - \frac{\theta^2}{1-\theta^2}\,\frac{1-e^{pi}}{e^{pi}}\right)^{-s},$$

et, en posant $\frac{\theta^2}{1-\theta^2} = \lambda$, $[s]_n = \frac{s.(s+1)(s+2)\ldots(s+n-1)}{1.2.3\ldots n}$,

$$(36)\quad \left\{\begin{array}{l} (1-\theta^2)^{-s}(1-e^{pi})^{-s}\left(1-\lambda\cdot\frac{1-e^{pi}}{e^{pi}}\right)^{-s} \\ = (1-\theta^2)^{-s}\left[\begin{array}{l} (1-e^{pi}) + [s]_1 \lambda e^{-pi}(1-e^{pi})^{-s+1} \\ + [s]_2 \lambda^2 e^{-2pi}(1-e^{pi})^{-s+2} + \ldots \end{array}\right]. \end{array}\right.$$

Comparons donc les seconds membres des deux égalités (35) et (36), dont les premiers membres sont identiques, il viendra

$$(37)\quad \Theta_n = \theta^n (1-\theta^2)^{-s} [s]_n \left[1 + \frac{s}{1}\frac{s-1}{n+1}\lambda + \frac{s(s+1)}{1.2}\frac{(s-1)(s-2)}{n+1.n+2}\lambda^2 + \ldots\right].$$

Pour le cas qui nous occupe cette formule donnera

$$(38)\quad Y_{n'} = Y_{-n'} = \left[\frac{1}{2}\right]_{n'} \frac{a^{n'}}{\sqrt{1-a^2}}\left[1 - \frac{1}{2}\frac{1}{2n'+2}\lambda_a + \frac{1.3}{2.4}\frac{1.3}{(2n'+2)(2n'+4)}\lambda_a^2 + \ldots\right],$$

$$(39)\quad Z_{n'} = Z_{-n'} = \left[\frac{1}{2}\right]_{n'} \frac{b^{n'}}{\sqrt{1-b^2}}\left[1 - \frac{1}{2}\frac{1}{2n'+2}\lambda_b + \frac{1.3}{2.4}\frac{1.3}{(2n'+2)(2n'+4)}\lambda_b^2 + \ldots\right],$$

où l'on a, pour abréger,

$$(40)\qquad \left[\frac{1}{2}\right]_{n'} = \frac{1.3.5\ldots 2n'-1}{2.4.6\ldots 2n'}, \qquad \lambda_a = \frac{a^2}{1-a^2}, \qquad \lambda_b = \frac{b^2}{1-b^2}.$$

Si maintenant n' est un nombre considérable, les séries (38) et (39) pourront être réduites à leurs premiers termes, et l'on aura à peu près

$$(41)\qquad Y_{n'} = \left[\frac{1}{2}\right]_{n'} \frac{a^{n'}}{\sqrt{1-a^2}}, \qquad Z_{n'} = \left[\frac{1}{2}\right]_{n'} \frac{b^{n'}}{\sqrt{1-b^2}}.$$

Dans la plupart des cas aussi, b est un nombre extrêmement petit. Par suite on aura sensiblement

$$Z_0 = 1, \qquad Z_1 = Z_{-1} = 0, \qquad Z_2 = Z_{-2} = 0,$$

et la formule (33) se réduira à celle-ci :

$$\mathcal{A}_{n'} = \left[\frac{1}{2}\right]_{n'} M (1-a^2)^{-\frac{1}{2}} a^{n'} e^{-n'\varphi i};$$

et comme on a à peu près pour de grandes valeurs de n'

$$\left[\frac{1}{2}\right]_{n'} = \frac{1}{\sqrt{\pi n'}},$$

il viendra en définitive, pour la valeur approchée de $\mathcal{A}_{n'}$,

$$(42)\qquad \mathcal{A}_{n'} = \frac{M}{\sqrt{\pi n'(1-a^2)}}\, a^{n'} e^{-n'\varphi i}.$$

3. Actuellement appelons $A_{\pm n}$, $A_{\pm n'}$, $A_{\pm n, \pm n'}$ les coefficients de $e^{\pm n T i}$, $e^{\pm n' T' i}$, $e^{(\pm n T \pm n' T') i}$ dans le développement de la fonction $\frac{1}{r}$ suivant les puissances ascendantes des exponentielles e^{Ti}, $e^{T'i}$, et posons pour plus de simplicité

$$(43) \qquad \tau = e^{Ti}, \quad \tau' = e^{T'i},$$

on aura d'abord, d'après ce qui précède,

$$(44) \qquad \frac{1}{\iota} = \sum \mathcal{A}_l x^l = \sum \mathcal{A}_{n-l} x^{n-l},$$

et

$$(45) \qquad A_n = \frac{1}{2\pi}\int_{-\pi}^{+\pi} \frac{1}{\iota} e^{-nTi} dT.$$

De ces deux équations on tire celle-ci :

$$(46 \qquad A_n = \frac{1}{2\pi}\sum \mathcal{A}_{n-l}\int_{-\pi}^{+\pi} x^{n-l} e^{-nTi} dT,$$

qui au moyen de la transcendante $e^{\frac{n\varepsilon}{2}\left(x-\frac{1}{x}\right)}$ se transforme facilement dans la suivante :

$$(47) \qquad A_n = \sum\left(1-\frac{l}{n}\right)\mathcal{A}_{n-l}\,\mathcal{B}_l,$$

$\mathcal{B}_l$ ayant la même signification comme au premier paragraphe. On aurait de même

$$(48) \qquad A_{n'} = \sum\left(1-\frac{l'}{n'}\right)\mathcal{A}_{n'-l'}\,\mathcal{B}_{l'}.$$

Observons maintenant qu'on a

$$(49) \qquad A_{n',-n} = \frac{1}{2\pi}\int_{-\pi}^{\pi} A_{n'}\tau^n dT = \frac{1}{2\pi}\int_{-\pi}^{+\pi} A_{-n}\tau^{-n'} dT';$$

d'où l'on voit que $A_{n',-n}$ serait connu si en général on pouvait exprimer $\mathcal{A}_n$ ou $\mathcal{A}_{n'}$ en fonction explicite des anomalies excentriques u' ou u. Mais pour les calculs numériques la difficulté analytique qui se présente peut être évitée, car au bout du compte le tout consistera à obtenir les valeurs à un degré d'approximation fixé d'avance; toute autre recherche est, pratiquement parlant, inutile. A cet effet M. Cauchy observe que l'expression de $\mathcal{A}_n$, à savoir :

$$(50) \qquad \mathcal{A}_n = \frac{1}{2\pi}\int_{-\pi}^{+\pi}\frac{1}{\iota} x^{-n} du,$$

peut être calculée aisément au moyen de racines de l'équation binôme

$$(51) \qquad x^l = 1,$$

car en étendant, dans la fonction

$$(52) \qquad \frac{x^{-n}}{\iota} = x^{-n} \sum \mathcal{A}_n x^n,$$

la variable n aux diverses racines de l'équation (51), on a

$$(53) \qquad \frac{1}{\iota} \sum \frac{x^{-n}}{l} = \mathcal{A}_n + \mathcal{A}_{n+l} + \mathcal{A}_{n+2l} + \mathcal{A}_{n+3l} + \ldots$$
$$+ \mathcal{A}_{n-l} + \mathcal{A}_{n-2l} + \mathcal{A}_{n-3l} + \ldots,$$

et par suite on obtient

$$(54) \qquad \mathcal{A}_n = \frac{1}{l} \sum \frac{x^{-n}}{\iota} - \sigma,$$

en posant d'ailleurs

$$(55) \qquad \sigma = \mathcal{A}_{n+l} + \mathcal{A}_{n+2l} + \ldots + \mathcal{A}_{n-l} + \mathcal{A}_{n-2l} + \ldots.$$

Si maintenant l est suffisamment grand, on voit qu'on aura sensiblement

$$(56) \qquad \mathcal{A}_n = \frac{1}{l} \sum \frac{x^{-n}}{\iota}.$$

De la même manière il viendra

$$(57) \qquad \mathcal{A}_{n'-l'} = \frac{1}{k'} \sum \frac{x^{\prime l'-n'}}{\iota} - \sigma',$$

en supposant le signe $\sum$ étendu à toutes les racines de l'équation

$$(58) \qquad x^{k'} = 1,$$

et en désignant par σ' la somme

$$(59) \qquad \sigma' = \mathcal{A}_{n'-l'+k'} + \mathcal{A}_{n'-l'+2k'} + \ldots + \mathcal{A}_{n'-l'-k'} + \mathcal{A}_{n'-l'-2k'} + \ldots.$$

Alors la formule (48) donnera

$$(60) \qquad A_{n'} = \sum \left(1 - \frac{l'}{n'}\right) \mathcal{B}_{l'} \left(\frac{x^{\prime l'-n'}}{k'\iota} - \sigma'\right),$$

pourvu qu'on rapporte la sommation aux racines de l'équation (58).

A l'aide de cette valeur de A_n, l'équation (49) deviendra

$$(61)\quad \begin{cases} A_{n',-n} = \sum\left(1-\frac{l'}{n'}\right)\mathfrak{B}_{l'}\left\{\frac{1}{2\pi}\int_{-\pi}^{+\pi}\tau^n\, dT\left(\frac{x'^{l'-n'}}{k'\tau}-\sigma'\right)\right\} \\ \quad = \frac{1}{k'}\sum\left(1-\frac{l'}{n'}\right)\mathfrak{B}_{l'}A_{-n}\, x'^{l'-n'} \\ \quad -\frac{1}{2\pi}\int_{-\pi}^{\pi}\sum\left(1-\frac{l'}{n'}\right)\mathfrak{B}_{l'}\sigma'\tau^n\, dT, \end{cases}$$

ou bien, en posant $\eta' = \frac{1}{2\pi}\int_{-\pi}^{+\pi}\sum\left(1-\frac{l'}{n'}\right)\mathfrak{B}_{l'}\sigma'\tau^n\, dT$,

$$(62)\qquad A_{n',-n} = \frac{1}{k'}\sum\left(1-\frac{l'}{n'}\right)\mathfrak{B}_{l'}A_{-n}\, x'^{l'n'} - \eta'.$$

Cette expression se simplifie encore, si l'on remarque que l'on a identiquement

$$e^{\frac{n\varepsilon'}{2}\left(x'-\frac{1}{x'}\right)} = \sum \mathfrak{B}_{l'}\, x'^{-l'};$$

d'où

$$(63)\quad \begin{cases} \sum\left(1-\frac{l'}{n'}\right)\mathfrak{B}_{l'}\, x'^{l'} = \left(1-\frac{x'}{n'}D_{x'}\right)e^{\frac{n'\varepsilon'}{2}\left(x'-\frac{1}{x'}\right)} \\ \quad = \left[1-\frac{\varepsilon'}{2}\left(x'+\frac{1}{x'}\right)\right]\left(\frac{x'}{\tau'}\right)^{n'}, \end{cases}$$

et, par conséquent,

$$(64)\qquad A_{n',-n} = \frac{1}{k'}\sum A_{-n}\,\tau'^{-n'}\left[1-\frac{\varepsilon'}{2}\left(x'+\frac{1}{x'}\right)\right] - \eta'.$$

On trouverait de la même manière

$$(65)\qquad A_{n',-n} = \frac{1}{k}\sum A_{n'}\,\tau^n\left[1-\frac{\varepsilon}{2}\left(x+\frac{1}{x}\right)\right] - \eta,$$

où le signe $\sum$ s'étend à toutes les valeurs de x qui vérifient l'équation

$$(66)\qquad x^k = 1,$$

et η désigne l'expression

$$(67)\qquad \eta = \frac{1}{2\pi}\int_{-\pi}^{\pi}\sum\left(1-\frac{l}{n}\right)\mathfrak{B}_l\,\sigma\tau'^{-n'}\, dT',$$

dans laquelle on a

$$(68)\qquad \sigma = \mathcal{A}_{-n+l-k} + \mathcal{A}_{-n+l-2k} + \ldots + \mathcal{A}_{-n+l+k} + \mathcal{A}_{-n+l+2k} + \ldots.$$

Or, en prenant k, k' suffisamment grands et supérieurs à n, n', les modules des sommes η et η' seront généralement très-petits, et, par conséquent, ces sommes pourront être négligées dans les formules (64) et (65). D'ailleurs on peut calculer le degré d'approximation auquel on parvient lorsqu'on les laisse de côté.

A cet effet, observons d'abord que l'erreur commise sur le module de $A_{n',-n}$ sera au plus égale au module de η', et que celui-ci sera inférieur au module *maximum* de la somme

$$(69)\qquad \sum\left(1-\frac{l'}{n'}\right)\mathcal{B}_{l'}\,\sigma',$$

laquelle se calculera approximativement à l'aide de la formule (42).

Lorsqu'on suppose $k'-n'$ notablement supérieur à l', la valeur approchée de σ' peut être réduite à son premier terme

$$\sigma' = \mathcal{A}_{n'-l'-k'} = \frac{M(1-a^2)^{-\frac{1}{2}}}{\sqrt{\pi(k'-n'+l')}}\,a^{k'-n'+l'}\,e^{(k'-n'+l')\varphi i},$$

qui, en y négligeant l' en comparaison de $k'-n'$, devient

$$(70)\qquad \sigma' = \frac{M(1-a^2)^{-\frac{1}{2}}}{\sqrt{\pi(k'-n')}}\,a^{k'-n'+l'}\,e^{(k'-n'+l')i}.$$

Substituant cette valeur de σ' dans la somme (69), en tenant compte de la formule (63) et en se rappelant que

$$x' = ae^{\varphi i},$$

il viendra

$$(71)\qquad \sum\left(1-\frac{l'}{n'}\right)\mathcal{B}_{l}\,\sigma' = \mathfrak{L}\cdot(k'-n')^{-\frac{1}{2}}a^{k'-n'}\,e^{(k'-n')\varphi i},$$

$\mathfrak{L}$ étant égal à

$$(72)\qquad \mathfrak{L} = \frac{M}{\sqrt{\pi(1-a^2)}}\left[1-\frac{\varepsilon'}{2}\left(x'+\frac{1}{x'}\right)\right]e^{\frac{n'\varepsilon'}{2}\left(x'-\frac{1}{x'}\right)}.$$

Soit maintenant δ le module de la somme (69), ou en d'autres termes la limite de l'erreur que l'on se borne à commettre, et appelons Λ le module de $\mathcal{L}$, on aura

$$(73)\qquad \aleph = \Lambda\,(k' - n')^{-\frac{1}{2}} a^{k'-n'}.$$

Cette équation fera connaître la quantité inconnue k ou, ce qui revient au même, la différence $k' - n'$. Mais ce nombre $k' - n'$ sera évidemment une fonction de l'angle u, et il conviendra de lui attribuer le *maximum maximorum* des valeurs dont il est susceptible. La valeur convenable de u, en mettant l'équation ci-dessus sous cette forme

$$(74)\qquad \aleph\,(k' - u')^{\frac{1}{2}} = \Lambda\, a^{k'-u'},$$

est fournie par l'équation

$$(75)\qquad \mathrm{D}_u a + \frac{1}{k'-n'} \mathrm{D}_u \Lambda = 0,$$

qui montre que les valeurs *maxima* de $k' - n'$ répondent à celle du module a. Par conséquent, le *maximum maximorum* de cette différence correspondra sensiblement au *maximum maximorum* de ce module.

Une fois qu'on aura trouvé ce nombre k' ou k, on calculera $\mathrm{A}_{n',n}$ par les formules

$$\mathrm{A}_{n',-n} = \frac{1}{k'} \sum \mathrm{A}_{-n} \tau'^{-n'} (1 - \varepsilon' \cos u'),$$

$$\mathrm{A}_{-n} = \sum \left(1 - \frac{l}{n}\right) \mathcal{B}_l \mathcal{A}_{-n+l}$$

jointes à la formule (33), et la question pratique proposée sera complétement résolue.

En résumé, on voit que l'esprit de la méthode approchée de M. Cauchy, consiste en ceci : 1° calculer par approximation, à l'aide d'une moyenne géométrique, la valeur de $\mathcal{A}_n$ ou de $\mathcal{A}_{n'}$; 2° se servir de la formule exacte (33) pour déterminer d'avance le degré d'approximation auquel il suffit de s'arrêter ; 3° par des transformations analytiques, faire dépendre la détermination de $\mathrm{A}_{n,n'}$ de celle de $\mathcal{A}_n$ ou de $\mathcal{A}_{n'}$.

La même méthode peut s'appliquer au calcul de l'autre partie $\frac{r\cos s}{r'^2}$ de la fonction perturbatrice, et nous arriverons ainsi à des résultats semblables à ceux déjà annoncés par M. Puiseux, dans les *Comptes rendus*, juillet 1856. A cet effet, mettons les quantités P, Q, R désignées dans les équations (44) de la page 86, sous la forme

$$(76)\qquad \mathrm{P} = \mathrm{A}e^{\alpha i}, \quad \mathrm{Q} = \mathrm{B}e^{\beta i}, \quad \mathrm{R} = \mathrm{C}^{\gamma i},$$

et partageons l'intégrale (43), page 86, en deux parties, l'une réelle et l'autre imaginaire, que nous appellerons E et iF. En supposant qu'il suffise, pour l'approximation désirée, de diviser la circonférence en k parties, on aura successivement pour ces deux parties :

$$(77)\left\{\begin{aligned} E &= \frac{a}{2nk'a'^2}\sum\frac{A\cos(n'T'-\alpha)\cos u'+B\cos(n'T'-\beta)\sin u'+C\cos(n'T'-\gamma)}{(1-\varepsilon'\cos u')^2},\\ F &= -\frac{a}{2nk'a'^2}\sum\frac{A\sin(n'T'-\alpha)\cos u'+B\sin(n'T'-\beta)\sin u'+C\sin(n'T'-\gamma)}{(1-\varepsilon'\cos u')^2}.\end{aligned}\right.$$

On voit que les quantités A, B, C, α, β, γ étant calculées une fois pour toutes, il n'y a plus qu'à attribuer à u' les valeurs successives

$$0,\quad 1\cdot\frac{2\pi}{k'},\quad 2\cdot\frac{2\pi}{k'},\quad 3\cdot\frac{2\pi}{k'},\ldots,\quad (k'-1)\frac{2\pi}{k'},$$

et en déduire celles correspondantes de T', pour trouver les valeurs de E et de F. Cela fait, la partie relative à l'argument $n'T'-nT$ dans la fonction $\frac{r\cos s}{r'^2}$ sera

$$(78)\qquad E\cos(n'T'-nT)+F\sin n'T'-nT).$$

Il reste maintenant à trouver le nombre k le plus convenable pour que l'erreur commise dans cette évaluation soit au-dessous d'une certaine limite ε. A cet effet, il n'y a qu'à calculer, comme avant, le module *maximum* de la somme (69), lorsque, au lieu de la fonction $\frac{1}{\mathfrak{r}}$ on substitue la fonction $\frac{r\cos s}{r'^2}$. Posons, à cet effet,

$$m=k'-n'+l',$$

on aura

$$(79)\quad \mathcal{A}_{k'-n'+l'}=\mathcal{A}_m=\frac{a}{a'^2}\frac{1}{2\pi}\int_{-\pi}^{+\pi}\frac{A+B(x'+x'^{-1})-iC(x'-x'^{-1})}{(1-\varepsilon'\cos u')^3}x'^{+m}du',$$

A, B, C étant déterminés par les relations suivantes :

$$(80)\quad\left\{\begin{aligned} A&=\varepsilon\varepsilon'L-\varepsilon'L\cos u+\varepsilon'L_1\cos\varphi\sin u,\\ 2B&=L\cos u-L_1\cos\varphi\sin u-L\varepsilon,\\ 2C&=M\sin u\cos\varphi\cos\varphi'+M_1\cos\varphi'\cos u-\varepsilon\cos\varphi' M_1.\end{aligned}\right.$$

Or on a, en posant,

$$(81)\qquad \varepsilon'=\frac{2\lambda}{1+\lambda^2},$$

et en appelant S_p le coefficient de x'^p dans le développement de $\left(\frac{a'}{r'}\right)^3$,

$$(82)\left\{\begin{aligned}\left(\frac{\varepsilon'}{2\lambda}\right)^3\frac{1}{(1-\varepsilon'\cos u')^3} &= \frac{1}{(1-\lambda x')^3(1-\lambda x'^{-1})^3}\\ &= \frac{1}{4}\sum(p+1)(p+2)\lambda^p x'^p\sum(p+1)(p+2)\lambda^p x'^{-p}=\sum S_p x^p.\end{aligned}\right.$$

Par conséquent, en revenant à l'expression de $\mathcal{A}_m$, on obtiendra

$$(83)\left\{\begin{aligned}\frac{a'^2}{a}\left(\frac{\varepsilon'}{2\lambda}\right)^3\mathcal{A}_m &= \sum\frac{S_p}{2\pi}\int_{-\pi}^{+\pi}[A x'^{+m+p}+B(x'^{+m+p+1}+x'^{+m-1+p})-iC(x'^{+m+1+p}-x'^{+m-1+p}]du'\\ &= AS_m+B(S_{m-1}+S_{m+1})+iC(S_{m-1}-S_{m+1}).\end{aligned}\right.$$

Mais si dans cette valeur de $\mathcal{A}_m$ on n'y conserve que les termes de l'ordre $m-1$ et m par rapport aux excentricités, et si l'on observe que λ est de l'ordre de ε', cette expression se réduira à la suivante :

$$(84)\qquad \frac{a'^2}{a}\left(\frac{\varepsilon'}{2\lambda}\right)^3\mathcal{A}_m=\frac{1}{2}m(m+1)\lambda^{m-1}(B+iC).$$

De même, en négligeant dans $B+iC$ les carrés des inclinaisons, il viendra

$$(85)\qquad B+iC=\frac{1}{2}(\cos u-\varepsilon+i\sin u]e^{(\varpi-\varpi')i},$$

dont le module *maximum* est $\frac{1+\varepsilon}{2}$. Nous aurons donc pour la valeur *maximum* de $\mathcal{A}_{k'-n'+l'}$,

$$(86)\qquad \mathcal{A}_{k'-n'+l'}=\frac{1}{4}\frac{a}{a'^2}\left(\frac{2\lambda}{\varepsilon'}\right)^3(1+\varepsilon)(k'-n'+l')(k'-n'+l'+1)\lambda^{k'-n'+l'-1}.$$

Substituons-la maintenant dans la somme (69), il viendra

$$(87)\left\{\begin{aligned}\sum\left(1-\frac{l'}{n'}\right)\mathfrak{B}_{l'}\sigma' &= \frac{1}{4}\frac{a}{a'^2}\left(\frac{2\lambda}{\varepsilon'}\right)^3(1+\varepsilon)\sum\left(1-\frac{l'}{n'}\right)(k'-n'+l')(k'-n'+l'+1)\mathfrak{B}_{l'}\lambda^{k'-n'+l'-1}\\ &= \frac{1}{4}\frac{a}{a'^2}\left(\frac{2\lambda}{\varepsilon'}\right)^3\left(\frac{1+\varepsilon}{\lambda}\right)D_\lambda\left[\lambda^2 D_\lambda\left\{\lambda^{k'-n'}\sum\left(1-\frac{l'}{n'}\right)\mathfrak{B}_{l'}\lambda^{-l'}\right\}\right],\end{aligned}\right.$$

ou bien, en ayant recours à l'équation (63),

$$\sum\left(1-\frac{l'}{n'}\right)\mathfrak{B}_{l'}\sigma'=\frac{1}{4}\frac{a}{a'^2}\left(\frac{2\lambda}{\varepsilon'}\right)^3\left(\frac{1+\varepsilon}{\lambda}\right)D_\lambda\left[\lambda^2 D_\lambda\left\{\lambda^{k'-n'}\left[1-\frac{\varepsilon'}{2}(\lambda+\lambda^{-1})\right]e^{\frac{n'\varepsilon'}{2}\left(\lambda-\frac{1}{\lambda}\right)}\right\}\right],$$

et enfin, en tenant compte de l'équation (81),

$$\sum\left(1-\frac{l'}{n'}\right)\mathfrak{B}_{l'}\sigma'=\frac{1}{4}\frac{a}{a'^2}\left(\frac{2\lambda}{\varepsilon'}\right)^3(1+\varepsilon)\varepsilon'\frac{1-\lambda^2}{\lambda^2}e^{\frac{n'\varepsilon'}{2}\left(\lambda-\frac{1}{\lambda}\right)}\left(k'-\frac{\lambda^2}{1-\lambda^2}\right).$$

Ainsi nous trouverons, en négligeant $\frac{\lambda^2}{1-\lambda^2}$,

$$(88) \qquad \omega = 4\,\frac{a}{a'^2}\,\frac{\lambda^2}{\varepsilon'^3}\,(1+\varepsilon)\cos\varphi'\,e^{-n'\cos\varphi'}\,\lambda^{k'-n'}\,k';$$

d'où l'on tirera facilement, en prenant les logarithmes, la valeur de k', qu'il s'agissait de trouver.

Note sur le développement d'une fonction de fonction à plusieurs variables suivant les puissances ascendantes de ces variables et de leurs produits.

Il n'existe jusqu'à présent aucune méthode pour ce genre de développements. Celle que je donne sera, je l'espère, bien accueillie par les géomètres, tant par sa simplicité et généralité que par son utilité. Pour mieux la faire comprendre, nous supposerons qu'il ne s'agisse pour le moment que d'une fonction de trois variables.

Et d'abord nous remarquerons que le succès et l'emploi facile de la méthode reposent en partie sur les notations adoptées. Ainsi, en général, pour désigner le coefficient du produit $x^p y^q z^r v^s\ldots$, dans une fonction de m variables, nous prenons un polygone régulier de m côtés, et à chacun de ses sommets, que nous faisons correspondre invariablement à une des variables, nous attachons un indice représenté par l'exposant même, qui affecte la variable que l'on considère (*). Par exemple, ${}_r\Delta_q^p$, ${}_r^s\square_q^p$, etc., seront les coefficients des produits $x^p y^q z^r$, $x^p y^q z^r v^s$, etc., dans des fonctions à trois, quatre, etc., variables.

Soit maintenant

$$(1) \quad F = \varphi(\psi) = \varphi\begin{pmatrix} \Delta + \Delta^1 x + \Delta_1 y + {}_1\Delta z + \Delta^2 x^2 + \Delta_2 y^2 + {}_2\Delta z^2 \\ + \Delta_1^1 xy + {}_1\Delta^1 xz + {}_1\Delta_1 yz + \ldots \end{pmatrix}$$

la fonction qu'il s'agit de développer, et proposons-nous par suite de trouver le coefficient ${}_R\Delta_Q^P$ du produit $x^P y^Q z^R$ dans ce développement.

Désignons à cet effet par le symbole $(P, Q, R)^i$ une fonction entière et homogène de degré i par rapport aux coefficients, isobarique et de poids respectivement P, Q, R par rapport aux indices (p), (q), (r), c'est-à-dire une fonction telle que l'on ait

$$(2) \qquad (P, Q, R)^i = \sum A\; {}_{r_0}\Delta_{q_0}^{p_0\,h_0}\; {}_{r_1}\Delta_{q_1}^{p_1\,h_1}\; {}_{r_2}\Delta_{q_2}^{p_2\,h_2}\; {}_{r_3}\Delta_{q_3}^{p_3\,h_3}\ldots,$$

(*) Ces polygones auraient l'avantage de rendre la règle plus claire et sensible; mais, faute de caractères typographiques, nous y substituons plus bas des lettres avec des indices, dont le rang tiendra lieu de sommet.

sous les conditions

$$(3)\qquad h_0 + h_1 + h_2 + h_3 + \ldots = i,$$

$$(4)\qquad \left\{ \begin{aligned} p_0 h_0 + p_1 h_1 + p_2 h_2 + p_3 h_3 + \ldots &= \mathrm{P}, \\ q_0 h_0 + q_1 h_1 + q_2 h_2 + q_3 h_3 + \ldots &= \mathrm{Q}, \\ r_0 h_0 + r_1 h_1 + r_2 h_2 + r_3 h_3 + \ldots &= \mathrm{R}, \end{aligned} \right.$$

A étant un coefficient numérique variable d'un terme à l'autre, qu'on déterminera par la suite.

Le coefficient cherché sera de la forme

$$(5)\qquad \left\{ \begin{aligned} \Delta_{\mathrm{Q}}^{\mathrm{P}} = {} & \varphi'(\Delta)(\mathrm{P}, \mathrm{Q}, \mathrm{R})^1 + \varphi''(\Delta)(\mathrm{P}, \mathrm{Q}, \mathrm{R})^2 + \varphi'''(\Delta)(\mathrm{P}, \mathrm{Q}, \mathrm{R})^3 + \ldots \\ & + \varphi^{(\mathrm{P}+\mathrm{Q}+\mathrm{R})}(\Delta)(\mathrm{P}, \mathrm{Q}, \mathrm{R})^{(\mathrm{P}+\mathrm{Q}+\mathrm{R})}. \end{aligned} \right.$$

Pour démontrer cette formule, observons qu'à l'aide de la série de Maclaurin, on a, à un coefficient numérique près,

$$(6)\qquad {}_{\mathrm{R}}\Delta_{\mathrm{Q}}^{\mathrm{P}} = \sum \left\{ (\mathrm{D}_x^{\mathrm{P}} \mathrm{D}_y^{\mathrm{Q}} \mathrm{D}_z^{\mathrm{R}}) \mathrm{F} \right\}_{x,y,z=0}.$$

Or il est bien évident qu'à mesure que l'on différentie, on introduit dans le résultat un coefficient de plus. Ainsi chaque dérivée de l'ordre i dans ${}_{\mathrm{R}}\Delta_{\mathrm{Q}}^{\mathrm{P}}$ devra être accompagnée d'une fonction entière et homogène de degré i. D'ailleurs changeons dans la fonction ψ les variables x, y, z, respectivement en hx, ky, lz; alors le terme

$${}_{\mathrm{R}}\Delta_{\mathrm{Q}}^{\mathrm{P}}\, x^{\mathrm{P}} y^{\mathrm{Q}} z^{\mathrm{R}}$$

du développement de F se changera en

$$(7)\qquad h^{\mathrm{P}} k^{\mathrm{Q}} l^{\mathrm{R}}\, {}_{\mathrm{R}}\Delta_{\mathrm{Q}}^{\mathrm{P}}\, x^{\mathrm{P}} y^{\mathrm{Q}} z^{\mathrm{R}}.$$

Mais le changement indiqué des variables dans ψ revient à celui des coefficients ${}_r\Delta_q^p$ en ${}_r\Delta_q^p h^p k^q l^r$. Effectuons donc ce même changement dans la première expression de ${}_{\mathrm{R}}\Delta_{\mathrm{Q}}^{\mathrm{P}}$; le résultat devra concorder avec (7). Or cela ne pourra évidemment avoir lieu à moins que les conditions (4) soient satisfaites. Ainsi la forme (5) est bien justifiée. Il reste à trouver les coefficients numériques. Pour cela, supposons que l'on ait en particulier

$$\mathrm{F} = \psi^m = (\Delta + \Delta^1 x + \Delta_1 y + {}_1\Delta z + \Delta^2 x^2 + \Delta_2 y^2 + {}_2\Delta z^2 + \ldots)^m,$$

il viendra à l'aide d'une formule connue

$$\mathrm{F} = \Pi(m) \sum \frac{\Delta^{i_0}}{\Pi(i_0)} \frac{(\Delta' x + \Delta_1 y + {}_1\Delta z)^{i_1}}{\Pi(i_1)} \frac{(\Delta^2 x^2 + \Delta_2 y^2 + {}_2\Delta z^2 + \Delta'_1 xy + {}_1\Delta' xz + {}_1\Delta_1 yz)^{i_2} \ldots}{\Pi(i_2)},$$

où l'on a $\Pi_{(i)} = 1.2.3 \ldots i$, et où chaque parenthèse du numérateur comprend successivement des fonctions partielles complètes de degré 1, 2, 3, 4.... Développons par la même formule chacune de ces parenthèses, on aura

$$F = \Pi(m) \sum \frac{\Delta^{i_0}}{\Pi(i_0)} \sum \frac{\Delta^{1\,a_1}\,\Delta_1^{a_2}\,{}_1\Delta^{a_3}}{\Pi a_1\,\Pi a_2\,\Pi a_3}\, x^{a_1} y^{a_2} z^{a_3} \sum \frac{\Delta^{2\,b_1}\,\Delta_2^{b_2}\,{}_2\Delta^{b_3}\,\Delta_1'^{b_4}\ldots}{\Pi(b_1)\,\Pi(b_2)\,\Pi(b_3)\,\Pi(b_4)\ldots}\, x^{b_1} y^{b_2} z^{b_3}\ldots$$

Il est à noter maintenant que, grâce à la décomposition que nous avons faite de la fonction donnée, chaque coefficient qui se trouve sous un des signes $\sum$ ne se rencontrera plus dans les autres. Par conséquent, on voit immédiatement que, quel que soit le terme que l'on considère, un coefficient quelconque ${}_r\Delta_q^p$ n'y entrera qu'en apportant avec lui en diviseur une factorielle $\Pi(l)$, si l est l'exposant dont il y sera affecté. Ainsi donc les coefficients numériques cherchés seront pour chaque terme l'unité divisée par le produit des factorielles

$$\Pi(h_0),\quad \Pi(h_1),\quad \Pi(h_2),\ldots,$$

en admettant que h_0, h_1, h_2,... soient les exposants qui figurent dans ce terme.

En résumant ce qui vient d'être dit, on conclut que le coefficient demandé sera fourni par l'équation (5), pourvu que l'on désigne maintenant, sous les mêmes conditions (3) et (4), par le symbole $(P, Q, R)^i$, la fonction

$$\sum \frac{{}_{r_0}\Delta_{q_0}^{p_0\,h_0}\;{}_{r_1}\Delta_{q_1}^{p_1\,h_1}\;{}_{r_2}\Delta_{q_2}^{p_2\,h_2}}{\Pi h_0 \,.\, \Pi h_1 \,.\, \Pi h_2 \ldots}.$$

En général, *soit à développer la fonction*

$$F = \varphi(\psi) = \varphi \sum a_{p,q,r,\ldots,t}\, x^p y^q z^r \ldots w^t,$$

le coefficient $x^P\, y^Q\, z^R \ldots w^T$, *dans le développement de* F, *sera*

$$A_{P,Q,R,\ldots,T} = \sum_{i=1}^{i=P+Q+\ldots+T} \varphi^{(i)}(a)(P, Q, R,\ldots, T)^i,$$

$(P, Q, R,\ldots, T)^i$ *désignant une fonction entière et homogène de degré* i, *par rapport aux coefficients* $(a_{p,q,r,\ldots,t})$, *isobarique et de poids respectivement* P, Q, R,..., T *par rapport aux indices* (p), (q), (r),..., (t), *telle enfin que pour chaque terme le coefficient* $(a_{p,q,r,\ldots,t})^l$ *qui y entre soit divisé par le produit* $1.2.3\ldots l$; *et* $\varphi^{(i)}(a)$ *représentant la dérivée* $i^{\text{ème}}$ *de la fonction réduite à son premier terme* a.

Note sur le développement de la fonction perturbatrice suivant les anomalies excentriques.

On peut trouver d'une autre manière le coefficient $\mathcal{A}_{m,-m'}$ dont il est question à la page 81.

On a, en posant $\frac{r'}{r} = \rho$, $\frac{\mathrm{I}}{2} = \mathrm{J}$,

$$\frac{1}{\iota} = \frac{1}{r}(1 + \rho^2 - 2\rho\cos S)^{-\frac{1}{2}}.$$

Désignons en général par les symboles $\left(\frac{\alpha}{\beta}\right)$, $\left[\frac{\alpha}{\beta}\right]$ les factorielles

$$\frac{\alpha(\alpha-1)\ldots(\alpha-\beta+1)}{1.2.3\ldots\beta}, \quad \frac{\alpha(\alpha+1)\ldots(\alpha+\beta-1)}{1.2.3\ldots\beta};$$

on aura en développant $\frac{1}{\iota}$ suivant les puissances ascendantes de ρ,

$$\frac{1}{\iota} = \sum_{p=0}^{p=\infty} \sum_{h=0}^{h=\left(\frac{p}{2}\right)} \frac{r'^p}{r^{p+1}} (-1)^h \left[\frac{\frac{1}{2}}{p-h}\right] \left(\frac{p-h}{h}\right) (2\cos S)^{p-2h},$$

où h est un nombre entier positif pouvant prendre toutes les valeurs depuis zéro jusqu'à l'entier le plus proche de $\frac{p}{2}$.

Considérons à part le facteur,

$$\cos S^{p-2h} = \cos J^{2p-4h}\left[\cos(v - v' + \varpi - \varpi') + \cos(v + v' + \varpi + \varpi')\operatorname{tang}^2 J\right]^{p-2h}.$$

En effectuant la puissance indiquée, il viendra

$$\cos S^{p-2h} = \cos J^{2p-4h} \sum_{k=0}^{k=p-2h} \left(\frac{p-2h}{k}\right) \cos^{p-2h-k}(v - v' + \varpi - \varpi') \cos^k(v + v' + \varpi + \varpi') \operatorname{tang}^{2k} J.$$

Or on trouvera sans difficulté que le produit des deux puissances quelconques des cosinus qui figurent dans cette somme est égal à

$$\frac{1}{2^{p-2h}} \sum_{g=0}^{g=p-2h-k} \sum_{l=0}^{l=k} \left(\frac{p-2h-k}{g}\right)\left(\frac{k}{l}\right) e^{[\mu(v+\varpi)+\mu'(v'+\varpi')]i},$$

μ et μ' ayant les valeurs suivantes :

$$\mu = p - 2h - 2g - 2l, \quad \mu' = -p + 2k - 2l + 2h + 2g.$$

Par conséquent, en substituant il viendra

$$\frac{1}{\iota} = \sum_{p=0}^{p=\infty} \sum_{h=0}^{h=p} \sum_{k=0}^{k=p-2h} \sum_{l=0}^{l=k} \sum_{g=0}^{g=p-2h-k} (-1)^h$$

$$\times \left[\frac{\frac{1}{2}}{p-h}\right] \left(\frac{p-h}{h}\right) \left(\frac{p-2h}{k}\right) \left(\frac{p-2h-k}{g}\right) \left(\frac{k}{l}\right) \cos J^{2p-4h} \cdot \operatorname{tang} J^{2k} e^{\mu(v+\varpi)i} e^{\mu'(v'+\varpi')i} \frac{r'^p}{r^{p+1}}.$$

Tout se réduit donc à trouver le coefficient de $e^{(mu-m'u')i}$ dans l'expression $\frac{r'^p}{r^{p+1}}\,e^{(\mu\nu+\mu'\nu')i}$. Or sa valeur, au facteur $\frac{a'^p}{a^{p+1}}$ près, sera

$$\frac{1}{2\pi}\int_0^{2\pi}\frac{e^{\mu\nu i}}{(1-\varepsilon\cos u)^{p+1}}\,e^{-mui}\,du\;\times\;\frac{1}{2\pi}\int_0^{2\pi}e^{\mu'\nu' i}(1-\varepsilon'\cos u')^p\,e^{m'u'i}\,du,$$

ou

$$\frac{(1+\lambda^2)^{p+1}}{(1+\lambda'^2)^p}\sum_{s=0}^{s=\infty}\sum_{\sigma=0}^{\sigma=\infty}\sum_{s'=0}^{s'=\mu'+p}\sum_{\sigma'=0}^{\sigma'=p-\mu'}\left[\frac{\mu-p-1}{s}\right]\left[\frac{\mu+p+1}{\sigma}\right]\left(\frac{\mu'+p}{s'}\right)\left(\frac{p-\mu'}{\sigma'}\right)\lambda^{s+\sigma}\,\lambda'^{s'+\sigma'},$$

sous les conditions

$$s-\sigma=\mu-m,\quad s'-\sigma'=\mu'+m'.$$

Le coefficient donc de $e^{(mu-m'u')i}$ dans le développement de $\frac{1}{\imath}$ suivant les exponentielles imaginaires ayant pour arguments les anomalies excentriques, sera sous les mêmes conditions

$$\mathcal{A}_{m,-m'}=\left\{\begin{array}{l}\displaystyle\sum_{p=0}^{p=\infty}\sum_{h=0}^{h=p}\sum_{k=0}^{k=p-2h}\sum_{l=0}^{l=k}\sum_{g=0}^{g=p-2l-k}\sum_{s=0}^{s=\infty}\sum_{\sigma=0}^{\sigma=\infty}\sum_{s'=0}^{s'=\mu'+p}\sum_{\sigma'=0}^{\sigma'=p-\mu'}(-1)^k\\ \displaystyle\times\left[\frac{\frac{1}{2}}{p-h}\right]\left(\frac{p-h}{h}\right)\left(\frac{p-2h}{k}\right)\left(\frac{p-2h-k}{g}\right)\left(\frac{k}{l}\right)\left[\frac{\mu-p-1}{s}\right]\left[\frac{\mu+p+1}{\sigma}\right]\left(\frac{\mu'+p}{s'}\right)\left(\frac{p-\mu'}{\sigma'}\right)\cos J^{2p-4h}\,\mathrm{tang}\,J^{2k}\\ \displaystyle\times\,e^{\mu(\nu+\varpi)i}\,e^{\mu'(\nu'+\varpi')i}\,\lambda^{s+\sigma}\,\lambda'^{s'+\sigma'}\left(\frac{1+\lambda^2}{a}\right)^{p+1}\left(\frac{a'}{1+\lambda'^2}\right)^p.\end{array}\right.$$

Vu et approuvé,
Le 9 juillet 1856,
Le Doyen de la Faculté des Sciences,
MILNE EDWARDS.

Permis d'imprimer,
Le 9 juillet 1856,
Le Vice-Recteur de l'Académie de Paris,
CAYX.

ERRATUM. — A la page 73, ligne 12, *lisez* $\frac{\varepsilon\sqrt{1-\varepsilon^2}}{2}$, *au lieu de* $\sqrt{1-\varepsilon^2}$.

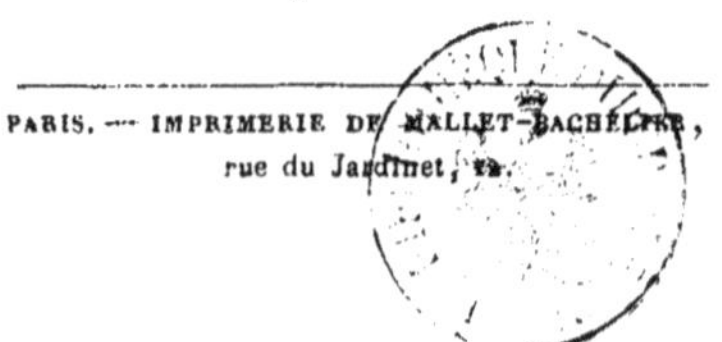

PARIS. — IMPRIMERIE DE MALLET-BACHELIER,
rue du Jardinet, 12.

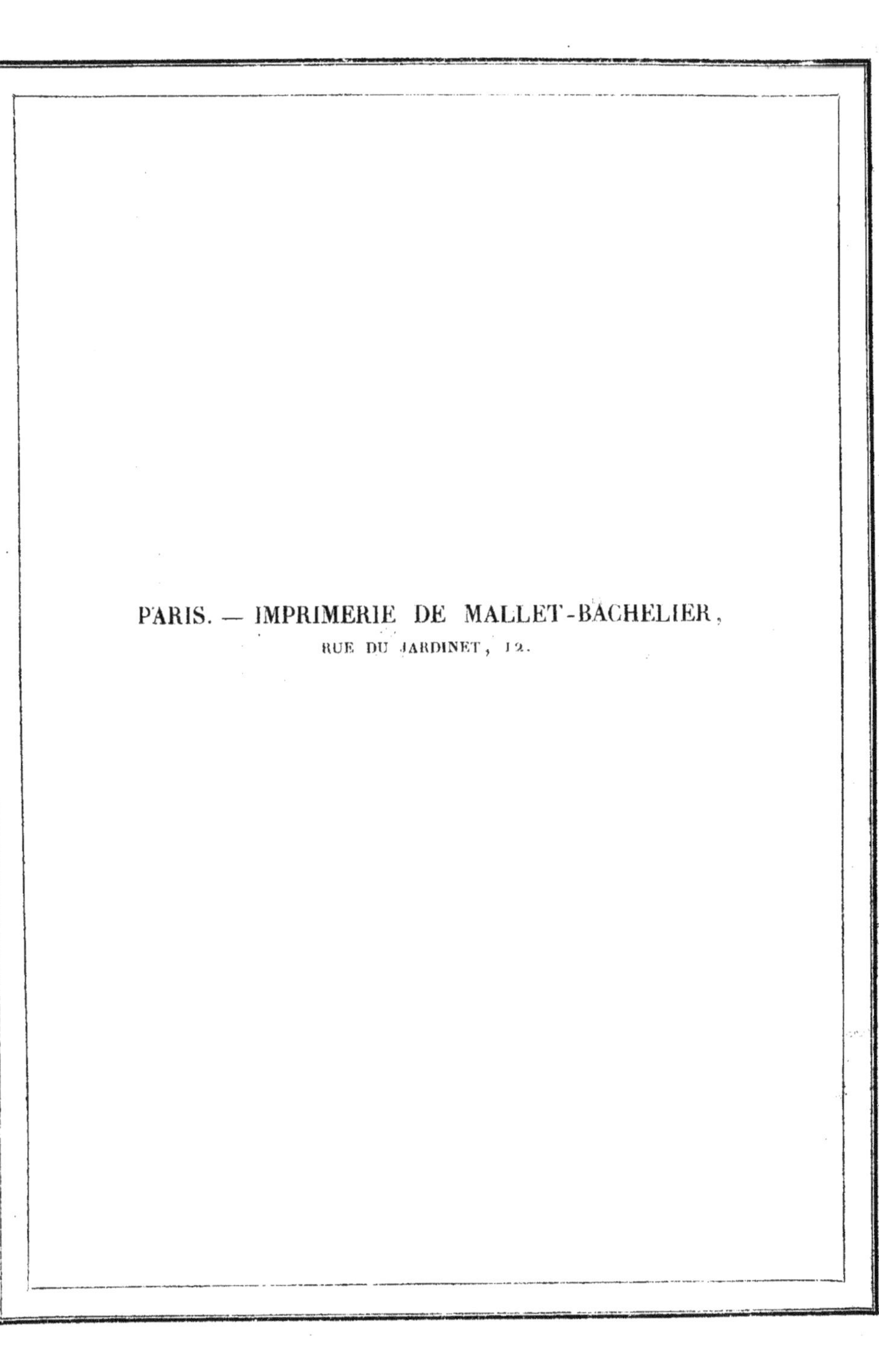

PARIS. — IMPRIMERIE DE MALLET-BACHELIER,
RUE DU JARDINET, 12.

www.ingramcontent.com/pod-product-compliance
Lightning Source LLC
LaVergne TN
LVHW010359060726
842526LV00005B/1403

9782019716325